新娘秘書

Bride Makeup
Artist & Hairstylist

何育繡、林風◎著

彩妝技巧、行銷曝光
人脈建立、口條應對
一次學到十年實戰經驗的精華

百萬年薪不是夢
彈性自由收入多

奧斯汀　榮獲多項國際影展獎的鬼才導演

　　和Demi老師認識的機緣，是我即將拍攝美妝偶像劇時，因劇情需要大量的完妝技巧及手法呈現，因此幸運的可以與老師一起工作。

　　爾後，在拍攝各類美妝廣告時，也經常請求老師神之手救援，讓我們在拍攝大量鏡頭下精緻又不超班。尤其在拍攝明星藝人時，經紀公司都會放大檢視妝髮各種細節，並提出疑難雜症的問題，好在經過老師耐心的調整下我們都能順利過關。

　　經過多次合作後，我們發現到彩妝工作不僅經驗重要外，尤其實戰淬鍊出的說服技巧更是需要。相信在老師精彩的工作經歷下，她把多年深耕的豐富經驗與大家分享，相信都可以學到更多實戰技巧。不論是新秘彩妝的技巧或是行銷自我的接案秘訣，一定都會讓大家獲益良多。

　　也祝福Demi老師指導的學生越來越厲害，日後方可一起在美妝界發光發熱。

小范范　網路紅人／外景主持人

　　Demi老師是我遇過最有親和力，又非常專業的彩妝師！記得第一次合作時，第一眼覺得Demi老師長得好可愛，言談中感受到她平易近人好相處，很容易拉近彼此距離。

　　合作後發現她很細心，能從聊天中，迅速了解到模特兒的個性與喜好，從而快速找出妝容特性，量身打造最貼合的造型風格，是個讓人很放心的彩妝造型師，合作多次，每次都能帶給我不同的造型驚喜！

　　她孜孜不倦地努力了十年，不斷深耕專業技巧。用一本書淬鍊十年之路最精華的實戰經驗，只為給讀者最直接的臨場感，如果你也想走新秘的路，但很多事都沒頭緒，也不知道從何下手的話，這本書就很適合。

　　此書從入行前的學習、準備，到接案過程，到婚禮當天等一條龍下來，清晰的脈絡架構，讓你一次到位了解新秘這一行，還能學到彩妝技巧、行銷曝光、人脈建立、說話應對……絕對會帶給你意想不到的收穫與啟發。

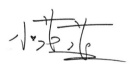

推薦序三

張仟又　新北市指甲彩繪睫毛業產業工會／理事長

　　美的產業日新又新，對於從事新娘秘書工作者而言，更需要不斷提升個人美學素養，精進專業的妝髮技能，才能給予新娘當天最專屬的美麗。

　　除此之外，了解婚禮的流程與細節也是新娘秘書必備之一，新娘秘書可說是婚禮上不可或缺的一大功臣。

　　透過何育繡老師多年豐富的經驗，將專業的彩妝細節及時尚的髮型設計，從肌膚基本的保養觀念，到認識各類的彩妝及髮型工具，以及如何接到你人生第一筆案子等等……不藏私的精湛用心分享著實令人感動，相信這對新娘秘書從業人員來說更是一大福音。

　　這本教學書籍有完整的專業知識，無論你是新娘秘書初學者或是對彩妝師、髮型師、整體造型師有興趣投入者，「必備書籍」真心推薦，讓你在新娘秘書的領域上更具競爭力。

　　相信才會看到，
努力才能得到。

我出生在台中新社，是非常鄉下的偏僻山區，平常沒有機會接觸到流行時尚資訊。但小時候很喜歡塗鴉也上過畫畫才藝課，另外，非常愛陪媽媽去美容院，甚至偷玩媽媽的化妝品；偷穿媽媽的高跟鞋逼弟妹一起走秀；幫鄰居妹妹們編頭髮，這是小女孩日常愛漂亮的表現。

準備升國中時跟爸媽說想念美容美髮科，但礙於住在鄉下資訊不發達，爸媽對美容美髮科的刻板印象就是只能一直不停幫客人洗頭，洗到手爛掉也賺不了什麼錢，所以極力反對。

雖然長大後能了解爸媽當時的擔憂，但實際出社會後，深刻體認到須擁有一技之長的重要！在即將邁入25歲的時候，覺得我的人生應該要有所突破，於是毅然決然地放棄每個月5～6萬的收入，決定轉行踏入我最愛的美學行業。

但剛開始並非自己想像的那麼美好，過程也不是那麼的順利！尤其剛開始做新秘的前兩年，因為案子不穩定，平均一個月連一場新秘都沒有，窮到我姊姊和姊夫塞生活費給我，支持我繼續走下去。後來，靠著自己不服輸的個性努力堅持到現在，有了些成績。

出這本書是希望跟大家分享我這一路走來所累積的實戰經驗，希望能幫助想投入新秘或造型相關產業的人；或本身已經投入卻遲遲停滯不前、不知道自己到底問題在哪，到底哪個環節出問題，而一直無法突破現況的同行朋友們；或只是對新娘秘書這個行業充滿好奇的朋友們！

　　本書可以讓你了解婚禮流程大小事、直擊新娘秘書一整天的工作內容流程。還有怎麼曝光行銷接案、與新人溝通應對、新娘妝髮教學、新娘造型與商業造型的靈感產生分享、接海外婚紗你該注意什麼等各種實用秘訣，這些都是Demi老師十年來紮實的經驗累積。

　　特別感謝十年來幫過我的攝影師、模特兒、導演、廠商、同行造型朋友們的經驗交流，讓我在造型路上不斷修正精進，才能有這些經歷過程與大家分享。希望透過這本書能確實幫助到有志從事新秘這行的朋友！

目 錄

PART

前　言

新娘秘書的發展史
新娘秘書前景優勢
十年淬鍊之路，也曾想放棄

新娘秘書的發展史

　　走上紅毯的那一天，對彼此許下最甜蜜的承諾，接受親朋好友的見證與祝福，是生命中重要的里程碑。因此許多新人對婚禮的每個環節都投入很多心力，願意在各項細節上花錢，只為了留下永恆的浪漫時刻。當天的大主角新娘子，是目光的焦點，從裡到外當然都要美美的，現在新娘子身邊不可或缺的美麗魔術師──新娘秘書，是新娘決定婚期後，會立刻進行尋找挑選的重要環節。

　　而新娘秘書這項貼身、貼心的服務以前是沒有的。看過媽媽的結婚照，會發現以前就只有白紗，那年代（四、五年級次）就是結婚當天一大早去婚紗公司畫新娘妝、穿好禮服、戴好頭紗飾品，一套白紗穿到底完成儀式、宴客，頂多就是再換一套自己的洋裝。

　　十幾年前開始新娘則是找美容院梳頭做造型，做臉的美容師懂化妝的就接一下新娘妝，但並不像現在新娘秘書那樣百分百的專業，會根據新娘整體外型評估，打造最貼合的妝容造型。更沒有為了提供客人更精緻的服務而隨時進修、吸收新造型資訊的觀念。

　　大約十年前，才有新娘秘書這職業，婚禮當天到府打造整體造型，包括化妝、頭髮、穿脫禮服、擦身體水粉、新娘儀態及婚禮習俗提醒，隨時注意各種瑣碎事情的貼心服務，使新娘無後顧之憂，專心當個閃亮的主角，接受四面八方的祝福。

　　新娘秘書成為婚禮中不可或缺的角色，源於婚紗公司想讓新人呈現多樣化的造型，於是推廣包套禮服，也就是訂婚兩套、結婚三套或四套；新娘無法自行處理多套禮服的造型更換，一定得需要隨身造型師，根據不

同款式的禮服，設計彩妝搭配髮型及飾品，使新娘在婚禮當天，穿上每一套禮服都能展現最佳風采與美麗，留下一輩子最難忘的美好回憶。

　　每個女孩心中都有公主夢，在婚禮前尋找適合的新娘秘書成了頭等大事，只要婚期一訂好，就會立刻找新秘，怕晚了就找不到心儀的新娘秘書。尤其旺季時，真的就是搶新秘大作戰，厲害的新秘更是早早就被訂走了。

新娘秘書前景優勢

　　最近這兩、三年打開社交網站，版面經常佈滿結婚的喜訊，有時都有全世界的人在同一時間趕結婚潮的錯覺。根據內政部統計，全台每年有十萬到十四萬對新人結婚，婚宴商機超過新台幣千億元，儘管經濟不景氣、生育率下降，但婚禮市場卻持續發燒，商機無限；越來越多新人在結婚時，願意把各種事項交給專業人處理，新娘秘書自然也是其中的佼佼者，躍升為熱門行業。

　　台灣婚禮產業已臻成熟，各項服務已趨於精緻及標準化，在國際上可以說已享有聲譽，越來越多的外國人慕名而來。所以很多業者正積極進攻海外市場，包括大陸、港澳、東南亞等地，希望可以吸引新人來台結婚與拍婚紗，這些市場的商機，未來無可限量。

彈性自由收入多

　　新娘秘書屬個人接案性質，時間彈性自由，要當兼職或正職，都是自己可以自由決定的。只要肯努力，平均月收入會比一般上班族高。年資三年內的新手，一個月接兩、三場算是不錯。就算是個新手，還是有人一個月只要工作兩、三天，薪水就比上班族一個月還多。

　　有年資的老手，一個月固定會有五、六場，有人還會再接拍婚紗、彩妝教學、商業寫真梳化等，這些都是可以額外接的收入。積極、專業度佳的人一個月十幾萬的收入也是有的，年薪百萬的人不算少。

入行門檻低

　　現在很多人夢想從事的新秘工作，入行門檻很低，不受學歷、經歷、年齡限制，只要有彩妝、髮型、造型的專業技能，有人喜歡願意買單，就可以在這行做下去。而且只要跟彩妝梳化有關的工作都可以接，小到一個約會妝、參加party妝、拍婚紗、寫真藝術照，涉獵比較廣的甚至會接觸網路廣告的梳化。只要技術夠好，夠有美感，化得夠漂亮，累積出口碑，機會就會源源不絕。

　　雖然現在有新秘證照，及國家美容丙、乙級證照。但這行基本上是不需要證照的，主要是看客戶能不能信任你的技術，但如果想去學校或公會教學的話，是需要考國家美容乙級證照，考試內容有筆試的學科，及護膚、彩妝、新娘紙圖等實際操作的術科，詳細考試資訊可上網搜尋。如果是外面私人機構欣賞你的能力，願意花錢請你當講師，那是不需要證照的。

十年淬鍊之路，也曾想放棄

高中的時候，看到出社會的姐姐每天打扮很漂亮，化個妝整個人變得很亮麗，感覺很不同，覺得很神奇，心生羨慕。畢業後也開始學化妝，化出興趣，好想幫更多人化妝變漂亮；當時就很想應徵當百貨專櫃小姐，以為有身高限制而放棄，跑去做其它服務業。

當年齡越來越大，想做自己喜歡的事念頭越來越強，從小就很喜歡畫畫，但當畫家是不可能的，我一定餓死；想到也很喜歡化妝，於是上網找資料，看到新娘秘書這個行業，找自己喜歡的老師上課，半年學完後想專心當新秘，就把工作辭掉。

從台中到台北，沒有人脈、朋友，沒有足夠的作品集，也不懂去網路上做任何的行銷。厚著臉皮去找美容師跟美髮師合作，把名片放她們店裡，委託她們客人有化妝需求就來找我；但反應沒有很好，一個月接不到一個案子，於是又去找平日的打工，假日就接新秘，就這樣過兩、三年之後案子才接得比較穩定。

這中間其實一度很想放棄，但一想到已投資了那麼多，放棄很不甘心，就抱著一定要做到好的心態堅持下去。而且這行沒有年齡限制，年紀大了就不接新秘服務，重心轉至教課。在腦中畫出未來美好的藍圖，就更有毅力與信心走下去。

繼續努力在網路上PO作品，一直逼自己練習，沒人給我畫，就畫自己，以保持手感的熟練，到現場真正幫客人畫時，手法就會很熟練而不會有感緊張。後來一些攝影師看到我的作品，他們也想累積作品，於是透過互惠合作的方式，有空就拍作品，就這麼不斷累積作品量。

　　在勤奮練習化妝、PO作品寫網誌之下，漸漸開始有人在網路上詢問檔期：同學、朋友知道我當新秘，她們的家人、朋友有結婚都會推薦我，給她們看我的作品集。因為作品累積變多的，都是攝影師拍的，照片有專業的質感，所以成交的機率變高。

　　從事新秘五年後，FB開始盛行，曝光的機率更高了，更多的人知道我在從事這行業，吸引更多的機會，也有了更多自由選擇的空間。還好，當時沒有放棄，才有這麼豐富的收穫！

　　入行已十年，很樂在其中，即使很多時候要早出晚歸，仍然甘之如飴；可以很肯定的說，這就是這輩子我最想要從事的工作！

PART

入行秘訣

新秘這條路沒有捷徑

拿著彩妝工具，做著與時尚連結的工作，穿梭在散發著美與香氣的事物面前，的確是非常動人的，但跟所有的工作一樣，新娘秘書也是有其心酸與辛苦的一面。

現在很多女生對新秘這行帶著憧憬與夢想，除了希望幫別人打造時尚與美麗這樣夢幻的想法之外，同時也希望有朝一日只要工作三、四天就能賺到上班族一個月的薪水，又擁有不用受僱於別人的自由與舒心。抱著想要賺到很多錢的想法而踏入這行，以賺錢為動力而去做某件事其實是很好的，但很多時候也要有興趣與熱情支撐，才會在這條路上走得久遠。畢竟如果只是想賺錢的話，這世上有很多方法路徑，所以還是要有興趣與夢想成分在裡面，不然真的容易因為失望、挫折就半途而廢。其實這種情形也大有人在，不要說別人，連我自己本身，都曾經一度想放棄。

這行業投資成本其實蠻高的，尤其剛入行要花補習費，添購整套的彩妝品、髮型工具、新娘飾品等，這些錢花下去都是蠻可觀的。還沒有名氣時，幾乎沒有案量，付出要比收入多太多，還沒有賺錢就在燒錢，林林總總加起來起碼要投資十幾萬，也不是馬上就可以收回的。經濟不穩定，在沒有收入而恐慌的狀態下，很有可能只維持兩年就放棄，認命的回去當上班族。

早出晚歸需要毅力與體力，因為常常要在凌晨就出門，半夜才收工，有人真的累過一次以後就不想再繼續。在喜宴當天，必須在忙亂的環境與緊湊的時間下，冷靜、穩重完成新娘的造型，也要懂得隨機應變去解

決當下的各種問題，當然經驗越豐富，面對各種情況都會越來越熟練。但這些都是需要在長時間下，在每一次的工作中累積出來的，不要幻想可以一步到位就會很多事情。

　　入行之後更要不斷吸收流行資訊、不定期進修，要有不間斷學習的精神，否則很快就會被市場淘汰。所以並不是進來後，可以穩定接案，就可以高枕無憂。

　　要在這行持續做下去，真的需要花費大量的時間、金錢、精神投入，一開始的時候真的蠻辛苦的，但這些都是必經的過程；夠努力的話，你的技術與美感做出口碑，只要熬一年就可以穩定接案，一切的努力都會很值得。有毅力撐過去，很多機會來臨的時候，要走出自己的一片天也是大有可能的。

尋師問學

尋找符合需求的老師與課程

新娘秘書的市場已趨於成熟，出現了很多補習班、個人工作室的老師都出來開班授課。要去上課之前，務必先上網做功課，依自己喜歡的造型風格挑幾間，網路上評價還不錯的，先去預約看看有沒有試聽課程？最好去現場感受一下，看老師的教學方式、手法、態度，甚至於美感，是不是符合你個人需求與期待？還有要注意的是，看老師是否有跟上時代潮流？找老師的功課真的要做足，千萬不要偷懶，這樣才不會在上完課後覺得好浪費錢。

剛入行時，我去補習班試聽，想了解老師的美感跟技術是不是我喜歡的？那間補習班廣告打非常大，一間小教室，一個老師對二、三十個學生。當她示範髮型時學生都圍在前面看，示範完畢，學生回到位置，在二十分鐘內要把那顆頭梳完。

如此的學習環境，當下要吸收達到學習效果，資質也要夠好。這種情況，全班可能只有一個人聽得懂，其他人可能就抱著不確定對不對的心態操作，最後成果就是四不像。那麼多學生，老師也真的無法一一去關心每個學生的學習狀況，無法馬上幫學生糾正，無論學得如何，兩個小時一到就下課了；對一個新手來說，如果兩個小時就可以把那款髮型學起來，其實也就不用來補習班上課了。

　　此外，去補習班，這堂課去跟下堂課去的老師可能是不同人，或這學期的老師跟下學期的老師不同。這樣的情形會造成，可能你學的東西無法連貫，再來怎麼敢保證他們請來的老師剛好是你喜歡的風格？這些問題都是要仔細了解跟評估，千萬不要花了冤枉錢才來後悔。

　　如果沒有想省學費的話，可在網路上搜尋「新娘秘書教學」或「彩妝造型教學」，多看看老師的作品集，有看到特別喜歡某位老師的風格，可以詢問有沒有小班授課，或一對一教學？老師比較能夠直接看到學習上的問題與困難，給予立即糾正，較能針對手法加強，學得比較快且紮實。一分錢有時真的是一分貨，但也不一定說是貴的老師就教得好，但一定要挑小班制或一對一，才會真正看到學習成效。

　　後來我去一位老師的工作室旁聽小班制的課，老師的手法很靈活，比較不老派，整體禮服的搭配不一定是搭同色系的髮飾，也就是不是紅禮服只能配紅色的頭飾；她可以搭不同的顏色，非常協調，審美觀跟美感非常好，色彩學觀念強，利用補色或跳色去搭配整個造型的時候很協調、很漂亮，沒有那麼死板板。老師的形象給人的感覺也很重要，她長得好有氣質，給我的感覺很不錯，剛入行時就在她那裡上了半年的課。

　　接案子之後，這中間也陸陸續續去上過一些老師的課，針對比較弱項去加強進修，有時是上一天從早到晚，或三、五天的短期進修，上的幾乎都是小班制。如果碰到那個老師沒有開課，但我又很喜歡她的東西，默默觀察一段時間後，就會私下詢問，有沒有進修的課程？可以彈性開課的話，就配合老師跟我都可以的時間去上課。

　　像我的學生，也蠻多是出道一段時間了，發現自己的妝怎麼樣都畫不出質感，或大小眼怎麼樣都調不好；就會針對她的程度跟問題，幫她規劃適合的堂數，好好加強。

Q & A

Q： Demi老師那半年的學費是多少？

A： 四、五萬，妝加髮共二十堂課。

Q： 課程通常要上多久才是最好的？

A： 建議至少要上完**1-2**個老師或學苑教的新秘完整課程，學習不同老師的精華技巧。

Q： Demi老師認為最難學的是什麼？

A： 最難學的是髮型變化及技巧，因為非常多變，又沒有一定的標準。

Q： 碰到瓶頸怎麼克服？

A： 我通常會把自己倒空歸零，找能針對自己不足之處做加強的老師進修，當找到解決的技術後即會更上一層樓。

Q： 個別老師的工作室小班制，所有工具材料費是不是都另外自費？

A： 對的，所有課程材料工具費用都是另外自費的喔！

貼心小提醒

＊要確定老師的教學方式、態度、美感是符合個人需求與期待的。

＊最好預約試聽，才不會花冤枉錢。

＊手頭寬裕的話，選小班或一對一教學。

新秘課程學習內容

　　第一堂課通常先介紹這行，再教化妝及髮型工具使用方式。彩妝第一堂課先從認識臉型開始，從底妝教起，然後是怎麼修飾皮膚跟臉型，接著教不同臉型與眉型的搭配，後續就是一直教怎麼修飾皮膚瑕疵及眼型調整。

　　髮型的部分會先從電棒、電熱捲、玉米夾等頭髮打底工具的使用方式教起。工具會使用後，教常使用到的編髮技巧，例如單股扭轉、雙股扭轉、三股編、魚骨編等基本手法，以上技法都熟悉後，在第5-6堂課會用真人模特兒教整體造型搭配。

　　以下詳例的學習內容沒有按教課順序安排，實際課程安排還是要看各家補習班或個人工作室老師怎麼安排。

彩妝教學

- 認識臉型
- 彩妝工具介紹
- 新娘彩妝介紹
- 色彩分析
- 化妝順序解說
- 新娘膚質判斷與保養
- 粉底運用及臉部遮瑕修飾
- 各種臉型修飾
- 韓式裸妝示範
- 日系娃娃妝
- 修眉與畫眉的技巧
- 眼影、畫法、配色技巧
- 畫眼線的技巧（筆狀、液狀、膠狀）
- 腮紅的運用
- 色彩與唇形的表現
- 假睫毛選擇與裝戴

認識新秘這行

- 婚禮市場分析及行銷
- 新娘秘書工作流程
- 婚禮習俗介紹
- 客戶溝通細節及簽約講解

髮型教學

- 工具介紹及運用（電棒、電熱捲、玉米夾……）
- 分區練習、手捲、扭轉、刮髮示範與練習
- 多種新娘髮型示範（單股扭轉、雙股扭轉、三股編、魚骨編……）
- 新娘頭飾的擺飾位置及頭紗的放置
- 韓風編梳髮變化
- 真人髮型作品、測試驗收

整體造型教學

- 甜美俏麗新娘造型
- 古典華麗新娘造型
- 復古宮廷新娘造型
- 溫婉典雅新娘造型

Demi老師開設的新秘基礎班

・最新流行新娘彩妝教學

・獨特手法打造光澤底妝

・打造迷人電眼技巧

・各類風格睫毛黏貼方式

・日系、韓系、混血兒的彩妝重點

・時下最流行的彩妝示範

・整體造型搭配重點

・各種唇妝技巧示範

・小班制針對手法修正教學

工具投資不可少

　　「工欲善其事，必先利其器」，當下定決心要當新秘造型師，首先最重要的就是必須挑選適合的工具，才能讓造型品質加分！

　　面對市上面琳瑯滿目的彩妝品、化妝工具等，什麼才是適合的？依個人喜好及使用習慣，不過畢竟是用在客人身上，考量到服務品質，所以在挑選的當下萬不能馬虎，你有多用心，客人都能立刻感受到。想要有正面的回應，就要先用心付出。

彩妝品項

隔離防曬：隔離霜的目的是打底，讓皮膚好上妝，並能隔離外界物質得以保護皮膚；現在很多隔離霜都有添加防曬成分，如果有註明SPF和PA的係數，就是有防曬功能。

粉底：粉底是妝容的基礎，可改善膚色、氣色，另則可保護皮膚，使化妝品不會直接接觸皮膚，同時防止灰塵進入毛孔。

遮瑕：利用厚而不透明的遮瑕產品（液狀、膏狀、條狀），修飾臉上的局部瑕疵，例如黑眼圈、痘疤、雀斑等，使皮膚呈現乾淨細緻。

蜜粉：有控油、定妝、自然地修飾肌膚的作用，想要有薄透光澤的底妝，就可以用蜜粉。

粉餅：跟蜜粉一樣有控油、定妝的作用，只是如果你想要定妝更持久一點，可以選擇粉餅，當然妝感會比蜜粉重。

眼影：可以讓眼睛更有輪廓感，更有立體感，看上去更深邃，並透過色彩的張力，讓整個人更迷媚動人。

眼線：讓雙眼更具立體感、更有神采；調整兩眼間距，改變眼睛的形狀和輪廓，要圓就圓、要長就長。

睫毛膏：能使睫毛濃密、纖長、卷翹，以及加深睫毛的顏色；懂得運用不同效果的睫毛膏，你手中就像握著魔法棒一樣，使人擁有迷人的雙眼。

眉筆：把眉型框出來，比較可以有俐落的線條感。眉毛比較淡、比較少，或想畫出特殊角度及線條眉毛時可以使用。

眉粉：如果本身眉毛已經很濃密，可以利用眉粉補洞或讓眉色畫出漸層色。另外眉型完整的人或是不想讓眉毛線條太明顯的亦可使用。

染眉膏：現在大部分的人都有染頭髮，所以當畫好眉型後，眉色可能會跟髮色有落差，這時就可以選擇適合髮色的染眉膏去做刷色，同時讓眉毛更有質感。

腮紅：可以調整臉型，增加面部的輪廓感；使氣色健康紅潤，幫助整個妝感更加飽滿完美。

唇彩：對唇部的保濕作用，也可修飾唇部，讓整個人看起來更有氣色。

修容餅：修飾臉部輪廓，讓五官更立體，還能讓臉看起來比較小。

Q & A

彩妝品挑選的困難點

Q：　市售的隔離霜該如何挑選？

A：　皮膚泛紅－綠色隔離霜；皮膚蠟黃暗沉－紫色隔離霜；皮膚蒼白沒血色－粉紅色隔離霜。

Q：　粉底有分哪幾種質地？該怎麼挑選？

A：　粉底液、粉底霜（**BB**霜）、粉底膏，大致上分為這三大類。遮蓋力順序由「薄」到「厚」：「液」→「霜」→「膏」。

愛用品牌推薦：MAKE UP FOR EVER水粉霜（薄透液狀）／Giorgio Armani極緻絲柔粉底精華（薄透液狀）。

Q： 遮瑕產品該怎麼選擇？

A： 如果想要比較薄透的妝感，遮瑕產品要儘量選擇比較保濕的款式才能跟底妝自然融合在一起。要薄透的妝感就不要用粉條遮瑕，雖然粉條遮瑕力比較好，但會與底妝質感不搭，容易產生妝感太過厚重的感覺，而且會產生細紋。若黑眼圈較重或斑點比較深層，建議使用筆刷少量多次慢慢疊上去，比較不會像用手上那麼厚。

愛用品牌推薦： 日本KP（保濕薄透液狀）/ BOBBI BROWN（保濕膏狀）/ MAQuillAGE粉條（膏狀）/ YSL明采筆（保濕薄透液狀）

Q： 蜜粉、蜜粉餅、粉餅有什麼不同？

A： 想要定妝持久一點，可以選擇蜜粉餅或粉餅，想要保持薄透光澤底妝，就選「蜜粉」用刷子大面積清刷全臉。外出補妝最好用蜜粉，才不會越補越厚，脫妝就不好看囉！

愛用品牌推薦： laura mercier柔光透明蜜粉

Q： 眼線筆、眼線膠、眼線液如何選擇？

A： 眼神要比較銳利的話，可以使用眼線液；眼睛比較有神的，不想畫完眼線變得更銳利的話，就用眼線筆。有些人油脂分泌比較旺盛容易暈染，選擇防水眼線膠或眼線膠筆，畫完儘量等個3-5秒定妝。

愛用品牌推薦： Kiss Me 防水眼線液 / Solone防水眼線膠筆

Q： 睫毛膏該怎麼挑選？

A： 市售有很多種刷頭的睫毛膏，功能都不一樣，想刷出不同效果的睫毛妝感時就需要準備不同款式的刷頭。例如，纖長型刷頭：這類的刷頭較稀疏且扁狀短小，可以使睫毛根根分明；濃密型的刷頭，可以創造濃黑的睫毛。（由於這不是教彩妝的書，所以在此其它的就不再贅言）

愛用品牌推薦：Kiss Me 防水纖長及濃密系列／MAYBELLINE摩天睫毛膏／戀愛魔鏡超激長魔法睫毛膏－梳子刷頭

化妝工具

化妝棉：將化妝水倒在上面，達到保養及清潔的作用，還可以用來濕敷、卸妝。選擇柔軟、無添加物的，用起來舒適之外，也不會對肌膚造成傷害。

化妝海綿：用以推勻粉底，使妝容更服貼、自然。有分天然及人造兩種，形狀有圓形、斜角、橢圓、五角、花瓣等，好的海綿質地細密，具柔軟及彈性。圓形的可用於大範圍的推勻粉底，多角的則適用於眼角、嘴角、鼻翼等臉部細微處。

粉撲：可以幫助底妝與粉更服貼；有不同尺寸、材質及毛質長短的粉撲；蜜粉盒或粉餅盒中都會附贈。另者，長毛的蜜粉撲，容易讓粉附著在粉撲上，可以在不破壞底妝的情況下，使粉底與蜜粉服貼性更好。

刷具：作為專業人士，刷具絕對不可缺少，好的刷具會讓妝感大大加分。大致上有粉底刷、蜜粉刷、修容刷、腮紅刷、遮瑕刷、唇刷、眼影刷、眼線刷。建議選擇材質優良的天然毛質刷，不掉毛、柔軟的，用起來舒適，也更好上妝。

睫毛夾：亞洲人眼型的關係，若不用睫毛夾再上妝，很難彰顯眼妝的效果。要視眼睛的弧度來選擇睫毛夾，效果才會好，眼型偏長適合弧度較扁平的，圓型眼型要挑弧度較大的。

輔助夾子：貼雙眼皮貼或黏假睫毛時，會影響黏性，這個時候建議用夾子輔助會比較好。

雙眼皮貼：放大眼睛常用的技巧，單眼皮的人使用，可以讓眼睛放大明亮；雙眼皮的化了眼妝之後，雙眼皮會變得不明顯，這時需要雙眼皮貼，讓眼皮變寬，保持雙眼皮的效果。

睫毛膠：要戴好假睫毛，睫毛膠的品質非常重要，要挑抗敏且黏性好的，乾了之後又看不出來的。

假睫毛：假睫毛是造型中不可或缺的，材質有硬梗、軟梗、透明梗；有尖尾、有交叉。要用什麼樣的假睫毛，視當下的妝容去做搭配。

小剪刀：有平剪與彎剪兩種，用來修剪眉毛、假睫毛、雙眼皮膠貼等。

調盤：用來調和彩妝、調整顏色、濃淡度，也可保持彩妝品的衛生乾淨、延長彩妝品使用壽命。

調拌棒：用來挖取唇彩、粉底，調和彩妝、調整顏色、濃淡度，保持彩妝品的乾淨、衛生。

眼影刷（大）

眼影刷（中）

鼻影刷

鬆粉刷

眼影刷（小）

眼線刷

唇刷

修容刷／腮紅刷

蜜粉刷

打亮刷

餘粉刷

削筆器：眼線筆或眉筆有時會需要削筆器，有需要削的話，通常都會附贈，當然你也可以去買自己認為比較好用的。

瀏海貼片：固定瀏海，方便清潔及上妝，市面上有各種造型的，最重要的是要挑黏性好的。

髮型工具挑選

電熱捲：電熱捲是頭髮打底時用的，專門做蓬度跟捲度的。

電棒：有很多種不同的捲度彎度呈現，靈活多變化，所以通常拿來做造型變化使用；可取代傳統的電熱捲打底，膨度可利用玉米夾加強。常用尺寸為：19mm、22mm、25mm、32mm。

玉米夾：加熱金屬片為鋸齒，使頭髮蓬鬆，較有空氣感，使後續編髮時不易滑落。

離子夾：功用很廣泛也很實用，可以使頭髮平順，也可以變化不同的捲髮。

C型夾：由於構造特殊，可稱得上是多功能型的，不僅可快速增加髮根立體感亦能加強捲度，更是細軟及無層次髮的救星。

分區夾：做任何的造型，絕對少不了造型夾的輔助，雖然是小兵，但能立大功。

黑毛夾、U型夾、橡皮筋：固定髮型，造型好幫手。

吹風機：減少頭髮內部的水分含量，改變髮流可讓頭髮比較容易維持固定的形狀，加上其它髮型工具搭配可以形塑不同的造型。

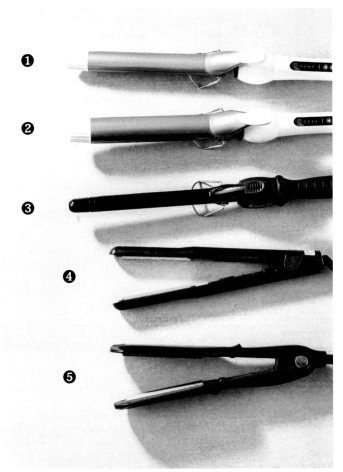

❶美如夢電棒25mm
❷美如夢電棒32mm
❸富麗雅電棒22mm
❹Akitz Keratiner離子夾
❺富麗雅6齒玉米夾

貼心小提醒

＊電棒、玉米夾、離子夾、C型夾，最好買可以調整溫度專業用的，各大
　美容彩料行都買得到。

＊最少一定要擁有一個25mm的電棒捲、一個玉米夾、一個離子夾才能做
　比較多的變化性。

＊玉米夾可以準備一個小的，做短髮造型或新郎打底；新娘是長髮的話，
　則使用大的玉米夾會比較省時。

髮蠟：凝膠狀或半固體狀，能夠固定髮型、使頭髮亮麗有光澤。

定型液：本身無塑形能力，需要配合髮蠟，通常先用髮蠟抓好造型，再噴上適量噴霧定型。

延長線：化妝的地方，附近不一定都有插座，有備無患。

❶哥德式PREJUMEwax7號蠟（適合男生細軟髮抓線條使用）

❷Cool grease xxtra hard公雞蠟（適合男生梳油頭使用）

❸K髮泥（適合男生髮抓乾線條使用）

❹施華蔻定型噴霧3號（適合定型使用）

❺kevin.murphy海洋天堂造型噴霧（適合細軟髮打底使用）

❻瑪宣妮蓬鬆波浪造型凍（適合順亮毛髮使用）

圓梳：通常都搭配吹風機造型時使用，將頭髮吹出自然的弧度。

S梳：可以把頭髮刮得蓬鬆。

尖尾梳：可分為軟式與硬式的，軟式的適用於冷燙髮捲，編髮時輔助工具；硬式的適用於美髮電器燙髮時，做隔熱與梳髮片時使用。

新娘飾品選購

市面上令人目不暇給的新娘飾品，到底該買哪些呢？因為飾品主要是看新娘當下的整體造型，才能知道什麼飾品搭配最適合，如果在不知道新娘禮服款式顏色下就購入飾品，其實蠻冒險的。

不過，剛入行的新秘，還是有一部分的飾品配件需要先購入，像皇冠、鑽類、花飾，這些最基本的項目一定要先有，陸續再針對不同新娘的需求尋找適合風格的飾品配件。

另外，像鑽類可以先選購白鑽、五彩鑽、金色系列比較實用百搭，不怕買了之後用不到。其他彩色的鑽飾就看當下新娘禮服款式顏色，再去挑選適合搭配的，才不會買了一堆特殊色放著都沒用就可惜了。

每間飾品店都有他們的風格類型，就看自己比較喜歡哪種類型，或視新娘當下的造型去挑選。最好挑選可以看到實體的飾品，以及評價高的廠商購買會比較好，才不會收到後發現跟自己預想的質感差太多，導致浪費錢。

工具清潔

　　寶貝自己的專業工具，對新秘來說也是非常重要的，若疏於清潔保養，很快就會折損，又要花費一筆錢買新的，又何必花費這一筆沒必要的錢呢！當然更重要的是，如果沒有保持工具的乾淨，是化不出好看、精緻的妝容，滋生的細菌也會對皮膚造成傷害。若因此對客人皮膚造成困擾的話，那就真的得不償失。

刷具溼洗

　　有使用的情況下，固定每個禮拜都會清洗一次筆刷，筆刷清潔劑加入水調和，清洗每一隻筆，再用清水沖乾淨。之後放著自然乾，天氣好一天就乾了，陰天就要兩天。等案子比較穩定的時候，會有兩組刷具替換，當一組拿去洗時，就用另一組。

刷具乾洗

　　當服務完一個客人，有下個客人馬上要用時，就用乾洗的方式清潔。將乾洗清潔液噴在筆刷上，在衛生紙上順著毛流方向來回磨擦，直到完全擦不出顏色，就算清乾淨了。清潔完大概放一、兩分鐘或三十秒左右，就可以給下一個客人使用。筆刷乾洗清潔液個人習慣用，推薦好萊塢的秘密－CINEMA SECRETS乾洗洗刷水。

粉撲清潔

　　至少會準備2～3個粉撲替換，可以用筆刷或洗粉撲的專用清潔劑清洗，推薦大創洗粉撲清潔液。當天使用後我是直接洗起來晾乾，隔天工作就帶乾淨的出門。至於多久要更換，這是沒有一定的，都是看使用程度，不好用或不能用了就丟。

其他工具清潔

像剪刀、鑷子、睫毛夾、調盤等這些工具，可用酒精棉片或將酒精倒在化妝棉上擦拭，或用隨身的噴霧酒精來消毒，酒精噴一噴再用衛生紙或化妝棉擦一擦，馬上就可以使用了。

❶shu uemura植村秀筆刷清潔劑
❷Daiso大創粉撲專用洗劑
❸CS好萊塢的秘密刷具清潔液快乾型
❹貳化不說DF洗刷刷
❺曬刷架

專業素養養成

專業素養的程度，會很直接決定新秘在這個市場的價值，要抱著不斷提升自我的心態，不是覺得有客源了就停止進步。尤其時尚美妝流行是一直在變動的，應隨時保持敏銳與學習心，吸收豐富的造型知識、資訊，培養美的鑑賞力，並能充分運用，增進紮實的技術。

具備專業的技術是基本配備，這是你的主力，然後要懂得為自己創造附加價值，這是一份服務人的工作，所以具備對人的敏感力與觀察力也是很重要的。如果你能提供可靠的專業讓人變美之外，還懂得觀察人、懂人心，知道怎麼針對不同的人，給予不同的應對方式，就會多一份溫度。知道怎麼傳達手心的那份溫度給別人，客戶也會對你多一份的信任，有信任才會創造真正的口碑。

吸收造型知識

新娘秘書的工作，跟時尚流行有密不可分的關係，為了讓新娘成為最美的焦點，除了具備紮實的造型技能，一定要多吸收國內外服飾、珠寶、彩妝造型、化妝品、配件等時尚流行資訊，從中學習吸收，再自然融入自我創作風格中，激盪出最棒的火花。

　　因此除了工作之外的時間，我幾乎都在看雜誌，或是透過網路吸收流行的資訊，看到喜歡的圖片就存下來，不斷研究當下流行的元素、技巧、趨勢等。為的就是不斷提升自己對美的敏銳度，告訴自己停在原地不往前就等著被淘汰，在這行就是要抱著這樣的危機意識。

　　我常告訴學生：「新秘圈很小，但時尚圈很大，相信勤能補拙的道理在每個人身上都適用，要贏過對手，首先就不能偷懶，美感不足沒關係，養成收集圖片的習慣，相信透過研究、練習、進修，就能成就美感與技術！」這樣的努力與用心出來的品質，被服務到的客人一定都能感受得到，在這個圈子也才會走得長久。

不同臉型腮紅用法及修容

圓型臉

圓型臉的人腮紅要順著眼下三角區往太陽穴方向斜刷往上，利用微斜的方式才能修飾圓臉。千萬不可以用打圓圈的方式將腮紅刷在蘋果肌上，這樣會顯得臉更圓喔！修容部分，可以把臉當作數字「0」，多出來的部分都可以利用修容修飾，連同腮幫子以及下巴處一起修飾，這樣才能讓臉型更美麗。

長型臉

長型臉的人，腮紅要以平行的方式刷在臥蠶下往耳朵方向平刷，接合修容往下順修，腮紅寬度約從眼下一指半處到鼻翼的這段距離，畫起來有點像一般外面常見的曬傷妝。千萬不能往太陽穴斜刷方式，不然臉會看起來更長喔！如果額頭太高，可以利用修容方式在額頭與髮際邊緣處作修飾；下巴太長的人，可以利用修容方式在下巴邊緣處修飾，讓比例看起來縮短。

方型臉

方型臉的人，腮紅可以畫日本流行的眼下腮紅畫法，將腮紅以平斜的方式在眼下臥蠶處順著眼下畫到顴骨結尾處。再利用修容來修飾兩邊腮幫子的地方，讓臉型更柔和一點。臉型輪廓寬的人都很適合！

倒三角形臉

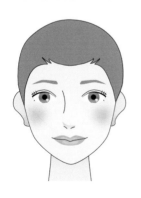

建議倒三角形臉的人，要將腮紅畫在眼下三角區位子，以畫圓方式畫在眼睛正下方處，這樣就可以縮短顴骨比較寬的視覺，讓整體比例更加平衡。注意，修容只需要上在額頭兩側，下巴兩側則不要再修容了，以免臉型變得更尖，倒三角會更明顯。

彩妝色彩簡易說明

當個專業的造型師，要了解基本的色彩學，尤其整體妝容上冷暖色系一定要搭配得宜，視覺上才不會覺得妝容不協調，否則作品就會大大扣分哦！

色彩原理

三原色：十二色相環上有基本三原色，分別為紅、黃、藍，把這三個原色互相調和，可以調出其他各種顏色。

第二次色：運用三原色可以再調配出其他九個間色：橙、綠、紫、紅橙、黃橙、黃綠、藍綠、藍紫、紅紫。也就是說，將三原色兩兩相互混合，會形成綠色、橙色、紫色。

第三次色（中間色）：再由原色與相鄰的第二次色相混合，形成黃綠色、黃橙色、藍綠色、藍紫色、紅橙色、紅紫色。

十二色相環

對比色：位於相對面的位置，形成 180 度的兩個顏色，稱之為「對比色」，如紅與綠、藍與橙、黃與紫等。

暖色調：為紅、橙、黃，延伸色系如咖啡色調，若為咖啡色調腮紅跟唇色最好挑選橘色系搭配。建議皮膚比較健康膚色或是蠟黃的客人畫暖色調比較適合，妝感看起來才不會灰灰髒髒的。

冷色調：為藍、紫，延伸色系如粉紫色調，若為粉紫色調，腮紅跟唇色最好挑選粉色系搭配。

常用術語

色相：是指色彩的基本顏色，如紅、橙、黃、綠、青、藍、紫等色，任何人都能一眼看出的顏色就是色相。

明度：是指顏色的亮度，明度高代表顏色淡，最亮如白色；明度低代表顏色深，最暗如黑色。依明度高低順序則為黃、綠、紅、藍、紫。

純度（飽和度）：就是色彩的鮮豔程度，純度越來越鮮豔，越低就是越黯淡。也稱飽和度，簡單的說就是色彩的鮮豔程度。

色彩的感覺

亮色：亮眼、開朗、活潑、健康、輕快。

淺色：樸素、和平、柔軟、乾淨、雅緻。

灰色：低調、安靜、內斂。

深色：深沉、穩重、端莊。

粉色：可愛、戀愛、輕盈、春天。

禮服款式挑選秘訣

平口領

適合肩膀寬或身材較瘦扁的女生,展現較性感的頸部與鎖骨,不適合大胸部與較豐腴的女生,緊縛胸部會顯贅肉。

桃心領

適合瘦且胸部豐滿的女生,展現鎖骨外,又可美化胸型,對圓臉的女生也有修飾效果,不適合小胸部女生。

大V領／深V款

V領有分兩種分別為：繞頸或肩帶式。適合圓臉、國字臉，腰身曲線明顯且胸部豐滿的女生；如果鎖骨很美也很推薦穿深V款，小胸部女生不建議。

大圓領款

基本上屬大眾款，任何人都適合，特別建議國字臉女生挑選。

小圓領款

適合胸部小的女生，不適合大
胸部或手臂粗的女生。

包肩款

適合手臂有肉的女生，
有長袖、短袖款，可以
修飾肩膀與手臂。

卡肩款

此款修飾上臂，適
合手臂粗的女生。
但肩膀寬的女生不
建議。

一字領款

適合胸部小、纖瘦型的女
生，可以修飾手臂，胸部
豐滿的女生不推薦。

斜肩款

適合肩膀寬或肩
部圓潤，及手臂
較細的女生，突
顯漂亮的肩頸線
條。

有袖款

適合手臂較粗有蝴蝶袖
或副乳的女生，可以修
飾手臂線條。

訓練觀察力、敏感力、想像力、口才力

新秘是服務性質的工作，除了專業技能的純熟與靈活外，對人有沒有興趣，能不能用心了解別人也是非常重要的。新秘的工作是跟人有非常近距離的接觸，平常如果對人不感興趣，面對客人也不會想多了解，當你對客人不夠了解的時候，就無法提供最適當的服務。

打開你的五感，專注對方，從客戶的穿著、動作、語言多了解她，進而說得體的話，這樣才能讓客人感到放心、開心，雙方才會有良性的溝通，合作才會愉快。

觀察力

訓練觀察力，養成良好的觀察力，把觀察變成興趣、習慣。先觀察相同與不相同的事物，進而觀察提升到細膩與具體的部分，從客人表情動作仔細推敲，什麼是適合她的、什麼是她真正想要的，客人才會真正接收到體貼與窩心。

對每個細節養成仔細觀察的習慣，觀察時同時帶動你的思考能力，這樣就越能夠迅速掌握狀況、洞燭機先、迅速提出好的做法；其反應能力則越佳，越能夠隨機應變，就能確實掌握客戶的各種狀態，提供適當的服務。

在坐車、走路的時候，可以觀察出現在你身邊的人，從他們的衣著裝扮、表情、動作，去猜想這個人的職業、他要去幹嘛、單身還是有伴、教養如何等等。如果是兩個人或兩人以上的話，他們會是什麼關係呢？甚至去買東西時，可以從別人買什麼東西，去猜想他的生活習慣與品質，是

一個人住還是跟家人住呢？經過別人家時，可以從門口擺著什麼鞋櫃、鞋子，大概可以觀察出家庭成員，他們做什麼，過什麼樣的生活。

長久以往，觀察別人就會成為習慣，你會發現，從一個蛛絲螞跡就能掌握一個人的許多事，不僅能替你的專業加分，也是一件非常有趣的事。

敏感力

保持好奇心和學習的熱情，增加常識，多吸收資訊，去接觸各種事物，就能累積比別人豐富的知識，當你知識越豐富的時候，就越能觸發你的敏感力，對當下的狀況越能掌握，越能作出適當的反應。

知識若不足則理解力就差，反應就會慢半拍，甚至會對事情的發生不知不覺，這些都會影響到你的服務品質，給人的觀感就會不好，會被人誤會為不夠用心。

對新秘來說，當然跟時尚相關的知識、資訊更是要多吸收，從網路、書籍、雜誌，多觀摩別的新秘作品，也可以多關注知名時尚人士的社群，甚至可以去逛逛精品店。

平常看到一個自己覺得漂亮的地方或一個賞心悅目的人，可以停下來思考為什麼自己會覺得如此好看，為什麼吸引你的目光。如此訓練自己常思考對人事物的感受，慢慢的就會習慣去注意很多東西，對周遭的人事物、對時尚、對美就會越來越敏感。敏感力很有可能就成為你爭取到某個客人的關鍵。

發揮想像力

有想像力就能化腐朽為神奇，有想像力就能擁有一雙翅膀！

養成閱讀、看電影、看展覽的習慣，安排適當的休閒活動，有空時出去走走、旅行，當你看得越多，吸收得越多，越能激發你的想像力。

有了想像力，想法思考才不會被框住，在你的手下才會創造出很棒的作品，才有辦法靈活運用你的所學、所吸收來的一切。

若沒有想像力，想法太僵化，無法舉一反三的時候，你的作品就會太死板，也就無法根據不同的客人需求，隨機應變提供適合她們的服務。

畢竟每個人都是不一樣的，你真的無法用同一個技術套用在所有人的身上，一定是碰到不同的客人，做出不同的變化，以符合新娘個人的特色，這樣你才能以你的手藝，彰顯客人本身獨一無二的美。你的用心，客人就會從這些地方看出。

口才力

說到口才力，不要把它想得太困難，把握一個原則：真心誠意。

不過，真心誠意，也不是傻傻的看到客人有什麼缺點就直接說出來。講話勿直，不要直說真心話，站在對方的角度，委婉表達你的想法。

簡單舉個例子，例如碰到客人膚色偏黑，但她想要用的那個飾品會讓她看起來皮膚髒髒的。這個時候，你不要直接告訴她，因為她皮膚黑，所以不適合。而是讚美她的優點，然後拿出另一個適合她的飾品給她用，跟她說這樣才能更彰顯她的特質，看起來更美麗，她會開心接受你的建議。

好話每個人都喜歡聽，人天生喜歡被讚美，但讚美也不要太誇大，以免聽起來太虛偽，反為讓人覺得不真實，聽了反而不開心。不要直接批評別人的缺點，但也不要讚美別人沒有的優點。真心又恰到好處的讚美，

最能打動人心，也是最好的說服力。

　　若想要有更好的口才，在別人講話時多去認真感受跟傾聽，看他們是怎麼應對的，尤其那些口才好的人，留意他們是怎麼跟別人互動的。看電視、電影時，注意角色們是怎麼講話、怎麼互動的。有機會多跟別人聊天，多發表自己的想法，多練習就可以熟能生巧。

　　一天結束之後，可以回想一下今天跟別人所說的話，有哪裡不夠好，如果覺得不好，要怎麼改善才好呢？也可以請教身邊口才好的人，要怎麼應對才是好的。也可以回想一下，跟你接觸的人，他們講的話如何？如果覺得有人應對很棒的話，就筆記、學起來哦！在這樣的檢討、思考的過程訓練中，有助口才迅速的提升。

貼心小提醒

＊觀察力養成：對身邊人事物的細節，養成觀察的習慣。
＊敏感力：保持好奇心與學習熱情，接觸各種不同的事物。
＊想像力養成：閱讀、看電影、看展覽，有空時多去外面走走。
＊口才力養成：傾聽口才好的人說話方式，留意他們與人互動模式。

建立有用的人脈

運用社群建立客源

新手的時候，還沒有很多客源，無法讓你有實際的新娘作品可以常常曝光，就多找家人、朋友來練習，甚至可以畫自己，畫完之後可以用手機或相機拍，再傳到社群網站。這樣除了可以增加曝光機率外，最重要的是技術也會越來越進步。

另外，最好自學一下拍照技巧，可以上網學習，或請教身邊比較會拍照的人，跟別人學完之後，自己多多練習才會熟練。好的拍照技巧，會帶來很多正面的效益，常在網路上逛就知道，好看的照片，絕對是吸引眼球的第一步。

建議加入一些社團，像攝影師、造型師、模特兒，甚至是婚禮相關的社團，可以在這些社團裡提需求，找有興趣的攝影師跟模特兒一起合作，看是要用互惠的方式，還是支付他們薪水，這些都可以一起討論出一個合作的模式。

從合作中，再去看看跟誰在美感等各方面是比較合得來的，就可以把他們變成長期合作的對象。如果每次創作都有專業的攝影師跟你合作，把你的作品拍得很漂亮，拍出不同氛圍、意境，客人買單的機率也會比較高。

這樣除了可以增加作品與人脈之外，還多個人幫忙宣傳，因為無論是攝影師還是模特兒，他們也會在自己的平台PO文曝光，就會多個平台

幫你宣傳，可以說是一舉數得。

　　有客源的時候，一個月中六、日總共也才八天，新秘接案可能只有三、四天在工作，假設一個月只有三、四天PO作品，人家就會很快忘記你在做新秘。所以平常一個月我會安排一、兩次跟攝影師、模特兒合作創作，不定期在動態上PO作品，讓大家經常看到作品的產出。

　　當作品一直出現在大家面前時，肯定會越來越多的人覺得你很不錯，甚至會覺得特別厲害，就會開始關注，有需要的時候自然就會想到你。

　　另外，我會把最近看到的流行資訊，甚至網路上看到的照片，是自己蠻喜歡的風格的話，就會加入當下的創作。照片PO出後，讓潛在客戶及朋友群知道，我除了PO新娘造型外，還有不定期的在更新技術，有在成長進步，增進大家對你專業能力的信任。

　　傳照片的時候，附上一些文字當然也是很重要的，如果是平常創作的作品，就寫一下創作的靈感，作品裡有哪些元素及風格；如果是PO新娘的照片，就講一下風格與元素，然後不妨讚美一下新娘，嘴巴甜一點，客人也會比較開心，以後當她們身邊的人有需求時，很有可能會想到你。

　　不要寫太多，大概簡單扼要寫一下，最好不要超過五行；如果對自己的文字操作沒那麼有信心，不妨用條例式的，一方面寫起來順手，另一方面別人也看得一目瞭然。如果想寫長的，就另外寫一篇在部落格上，再拉連結到FB，這樣也可以讓客人知道你有這個部落格，兩邊都可以互相曝光。

　　雖然現在部落格比較少人用，但也要同時進行，這個部落格就全部放跟造型相關的照片和文字，這樣客人就不會在刷你的FB動態時，還一直看到你的私生活部分。不開部落格，就開個粉絲頁，把私生活跟工作分開，客人在看你的作品時不會雜亂，也容易一目瞭然，更能突顯專業。

　　如果個人FB、IG、粉絲頁、部落格，甚至你還有經營其他社群，都可以互相連接來連接去，增加曝光率。

　　在FB上傳作品時每篇都要在文字的最底下寫上關鍵字，像這樣「＃新娘秘書」。當別人搜索「新娘秘書」時，才有被看到的機會。記得，文章要設定公開，陌生人才會搜尋到，而且好友按讚或留言的話，好友的好友也會看到，增加曝光的機會。

　　手上如果有預算的話，也可以投臉書粉絲團的廣告，看哪一則動態是你很滿意的，就拿那一則去買廣告。尤其現在臉書的演算法一直在變，為了增加曝光率，可以適當的買廣告。不過，要買廣告的話，建議要先把自己的技術練好，PO的文章需成熟要有量。因為曝光量增加後，陌生人來的會比較多，如果技術很差，人家找你服務，結果效果不好，上面都是負評，就會弄巧成拙。

　　以上社群運用方式，是個人多年使用心得，因為不是在講行銷的書，所以相關方面就不贅言太多。如果想知道更多、更專業的社群行銷，可以在網路上搜尋相關資料或者買書來看，幫助你在瞬息萬變的社群環境中更準確的行銷自己。

貼心小提醒

＊加入像攝影師、造型師、模特兒，甚至婚禮相關的社團。

＊不定期在社群上PO作品，才不會被別人忘記。

＊照片配文寫一下創作元素與風格；文字簡單扼要，可用條例式。

＊在作品的文字最後務必要加上關鍵字，像新娘秘書之類的字眼。

同圈子的人脈建立

「人脈就是錢脈」說起來是老掉牙充滿酸腐的一句話，但卻又是那麼的現實，因為沒有人脈，事業是很難邁開步伐的。認清這一點以後，如果過往你是個害羞、不擅長社交言詞的人，現在都要拋開這些包袱。

對新秘來說，攝影師、同行造型師、婚顧公司、婚紗公司都是必須要去拓展的人脈地圖，打開此任督二脈，可以說接下來的路就會比較好走。

攝影師是新秘不可或缺的重要夥伴，如果一開始不知道去哪裡認識的話，就加入同行的社團，勇敢把自己的作品PO上去尋找合作對象，有人來留言的話，這時就先謝謝人家，來個禮貌友善的互動。在公開場合跟人家有友善的互動，是跟同行建立人脈第一步最好的方式，在這樣一來一往的互動中，合作說不定就因此產生了。

除了在社團PO作品，讓同行看到你之外，也可以主動去看有哪個攝影師的風格是你喜歡的，點進去他的個人頁面，觀察他的動態、應對方式是不是你認同的。如果感覺不錯，跟他互動就可以多一點。互動過程合拍的話，可以互相約拍作品，看是要用互惠的方式或者付費請他拍；如果他很紅的話，需付費的機率會比較高。

要記得有一句話叫「使用者付費」，在尋求合作的過程，如果對方願意用互惠的方式，那當然是很好，如果對方不願意也不要去勉強，若是剛好碰上很想合作的對象，又不願意互惠，就乾脆付費，花點錢投資也是必須的。

參加同行造型師開的課程以拓展人脈

　　一些同行的造型師社團，都會不定期開一些課程，像是彩妝、髮型，甚至行銷的課。有的還會邀請國際知名的彩妝老師，來作經驗分享座談會。很多同行就會出現在這種場合，這個時候就要抓住機會多認識人。認識之後不要就放著，要去經營互動，在社群上多跟人家互動，關注他們的動態，適時的留言、按讚；如果有特別投緣的，可以在私底下多互動。

　　互動很重要，常常主動關注別人，是讓人家知道你有在追蹤他、關心他，就會覺得你特別溫暖，不管是什麼人，總是會喜歡別人關注他。當你在關注人家，人家也會開始注意你，有什麼資源就會分享給你，有案子也會找你合作，或有其他機會也會幫你介紹。記得互動的過程，要真誠，不要矯情！

可應徵婚顧或婚紗公司的委外造型師

　　在初期工作客源來源很少的時候，可以上網看一下婚顧公司或婚紗公司有沒有需要長期配合的委外造型師，可以投履歷、作品去應徵。如果他們覺得你的東西還不錯，有客人需求的時候，就會詢問你。如果有幸接到他們的案子，就好好服務，基本上都會列入長期合作的口袋名單。

　　婚紗跟婚顧公司有時會接很多單子，但他們不可能養那麼多造型師，可能兩、三個，最多五個，但同一天如果要拍的新人太多，還是要找委外的造型師來協助。他們的廣告都會打比較大，來的客人一定會比你自己的多很多，所以會給你案子的機會很大。這是一個新手累積作品速度最快的方式，雖然錢不多，但也是個累積作品的好機會，工作時在社群PO一些花絮，都是曝光的機會。

把顧客的親朋好友都變成客源

　　新秘的工作，不像其他的服務或買東西，就算服務得再好，幾乎是沒機會碰到什麼回頭客。不過，新人身邊的親朋好友都會是你的潛在顧客。

　　婚宴當天幫新娘梳畫時，有時需要幫她的伴娘團，甚至是婆婆、媽媽、姐妹，做親友妝的梳畫。梳畫的過程，如果本身的技術不錯，親友團在旁邊也都會看到感受到，真的不錯的話，基本上他們都會是你未來的顧客，之後她們身邊有人結婚，非常有可能找你。

　　像我自己本身有一部分的客源，就是這樣子來的，甚至有客人家的兄弟姐妹們結婚，從拍婚紗到婚宴，我通通都參與到。

　　所以為新娘服務的當天，除了要展現自己最佳的造型技巧之外，也會特別留意自己與人互動的狀態，因為這個時候是為自己打廣告的好機會。到新娘家的時候，幫你開門的可能是媽媽、姐妹等，這個時候跟他們打個招呼，說些早安恭喜之類的話，保持微笑，人家對你的第一印象就會很好。基本上我看到人都會保持微笑，點個頭打招呼一下。

　　如果有幫親朋好友化妝的話，就會稍微聊天，展現親切的互動，尤其長輩會非常喜歡這樣的互動感覺，她就會記得你，下次家裡有婚事會再找你。

　　如果當天身體不舒服，無法對人微笑，就戴上口罩，讓人覺得你是在專心工作，不是要擺臭臉。讓親朋好友看到你的細心與用心，原則上就是把自己的本份做好，不要偷懶，偷懶的話客人都會看在眼裡。除非是休

息時間，在進場之前姐妹可能會來拍照、聊聊天，這個時候可以休息一下。

　　整個服務的過程中千萬不要白目，說話小心一點，不該說的萬萬不要脫口而出，尤其是那些不吉利的話。一定要對自己的工作認真負責，態度會決定一切，往後的機會來源，就是以你現在的態度來決定。今日好好累積，明日必有收穫。

貼心小提醒

＊親友團都是未來的潛在客人。
＊看到人要微笑、點頭、打招呼。
＊如果身體不舒服，請戴上口罩。
＊不吉利的話、不該說的話，千萬不要脫口而出。

Demi老師十年新秘路人脈建立總心得

　　從學校畢業後就跟姊姊從台中到北部工作生活。當時決定轉行投入新秘行業時，完全是零人脈、零資源，那時的網路社群也沒現在發達，初期好幾個月好不容易才接到一個案子，碰到這種狀況其實很容易讓人有放棄的念頭。但因為自我要求高、不輕言放棄，覺得：既然決定投入，就要用心做到好！

　　於是就從常去的美容院開始談配合，雖然案子還是沒有明顯起色，但自我精進還是不能有絲毫怠惰，幾乎每星期都會找一到兩位朋友來家裡練習妝髮，畫完後自己拍照，然後PO上部落格曝光。後來有了臉書之後，就在臉書上一直曝光自己的作品，也到社團互惠網上主動找攝影師、麻豆合作。在持續努力曝光作品之下，漸漸地就開始有攝影師、專業模特兒自動找我合作，人脈也就這樣建立擴散累積起來。

　　從初期主動努力建立人脈，到後來技術越來越成熟時，靠著口碑累積了不少人脈，對自己的工作態度及作品要求到什麼程度，有合作過的人一定會知道。很幸運的，人脈累積到現在已有固定配合的廠商、專業攝影師群、模特兒、藝人朋友……謝謝他們信任我的技術與服務，指定給我梳畫。

　　可能很多人覺得我在造型路上很幸運，但機會是留給準備好的人，如果平常的我沒讓自己處在最佳狀態，相信即使機會來了也不會為我停留！

自行創作累積作品

　　剛入行的時候，沒辦法有那麼多實際的作品可以曝光宣傳，也沒有預算與人脈時，就找身邊的親朋好友當你的模特兒，讓你練習化妝，把成果用手機拍下來，這也是一個方法。但如果想要作品更吸睛的話，那就需要專業一點的模特兒和攝影師跟你合作，讓你自行創作累積的作品更有質感。

　　要花多少時間在這上面，端看自己，要做到什麼程度，可以自己訂一個目標。好比明年想要達到什麼目標，現在就要怎麼努力；後年又要什麼樣的目標，眼前要怎麼付出才會更快達成。用這樣的方式督促自己，才不會過一天算一天，離進步與成功遙遙無期。

尋找合作夥伴──模特兒與攝影師

當你要尋求合作夥伴時，自己要先想好造型風格，先把主題想出來，最好有準備參考圖，讓想合作人更能抓到你要的方向，也比較能快速找到契合的人。

想好自己要的創作方向後，就在社團或個人動態、粉絲團發佈需求，就把主題風格、想法，還有應徵模特兒跟攝影師的條件詳例清楚。如果大家都是新人的話，可能沒辦法拍得那麼順利，所以預計拍攝時間要講長一點。例如預計要拍兩個小時，怕萬一那兩個小時都拍不出好看的，那就約四小時。就是不要約得太倉促，這樣作品也不會好到哪裡。

篩選合作模特兒時，就看一下她拍過的作品集，還有素顏照、全身照，這是了解她跟你的風格禮服搭不搭配，身材能不能為造型加分。例如你的禮服是S或M號，就要找穿得下的模特兒。如果想要拍攝甜美的感覺，模特兒就要找比較可愛的；要拍比較個性風、時尚風，就要找比較有型的，或者說臉型不會有babyface的，不然拍時尚就會感覺怪怪的。另外在PO需求應徵時，模特兒當天需要準備的東西也要寫清清楚楚，像高跟鞋、unbra、放大片等這些貼身物品。

從來應徵的攝影師作品裡，大概就能抓到你走的方向跟攝影師的風格搭不搭。當然，也可以直接去找能拍出這樣風格想法、願意跟你合作的攝影師。不過，如果是在互惠網找的話，不要有太高的期待，比較難找到非常厲害的攝影師，因為很多人是從素人開始的，就是他要機會，你也要機會。但至少在新手的狀態下，先跟這樣的攝影師配合，才不會在程度上落差太大。拍出來的作品就不會很明顯看得出來，他拍得很厲害，你的造

型很弱，這樣的落差不會幫你的作品加分，會更顯得你造型功力不足，所以就盡量找程度差不多的。建議新人先從互惠網裡找，剛開始就先求有，以累積作品與實力為主，當你把技術越磨越好時，那時就可以找能固定配合，可以幫你把作品拍得更加分的攝影師。

　　如果真的非常想要拍出很吸引客人的照片，吸睛強度要很夠的話，那當然就要花點錢請比較專業的模特兒跟攝影師合作。作品吸引人的程度一定會比較高。你捨得投資，回收也會比較快。

每個模特兒的價位不太一樣，有些模特兒可能只需要提供餐點，有些可能要提供車馬費；有些可能就是算一天多少錢，一天一千、兩千不等；有些更厲害的就是以小時計費。攝影師的收費一樣沒有公定價，他開了那個價錢，如果覺得值得，就去找他合作。

　　當確定了攝影師跟模特兒後，可以開個群組溝通，如果你要見面溝通當然也是可以。在群組裡可以先丟出你的禮服，大家互相討論一下。你自己要做足功課，可以把一些風格、肢體pose參考圖先丟到群組，讓大家都能快速進入狀況，當天拍攝時也會比較順利。

　　在拍攝的前一天要提醒一下模特兒需要準備的東西，像高跟鞋、unbra、放大片等；若是全素顏也要提醒一下，可能也要請模特兒前一天要先洗髮，如果是細軟髮，就請她不要上任何的護髮或潤髮，因為這樣會比較有濕氣，油油的，不好維持造型。模特兒當天的狀態很重要，所以要請她早點睡不要熬夜，睡飽拍出來才會美美的。

　　模特兒如果比較新手，沒有太多拍攝經驗的話，怕現場會肢體僵硬。就詢問攝影師有沒有辦法現場指導一下，如果不行的話，就自己多上網找一些肢體pose的照片提供給模特兒跟攝影師參考。當天一開始拍的時候，可以先照參考圖上的就是先用copy的方式先拍，然後拍到比較能夠去抓住那個感覺的時候，就可以開始自由發揮。

貼心小提醒

＊找人合作，先想好造型風格、主題，準備好參考圖。
＊選模特兒時要看素顏照與全身照，以便判斷風格是否符合。
＊新手時比較適合跟程度與自己差不多的攝影師合作。
＊拍攝前一天務必要提醒模特兒需準備的東西。

禮服挑選

　　好的作品需要好夥伴的配合以外，一件適合你要的風格禮服，也會為你的作品加很多分數。當你設定好要創作的主題風格後，如果你手邊沒有類似的禮服，合作的攝影師也沒有的話，可以去找禮服公司租借，不妨先在他們的粉絲頁詢問，或是直接打電話詢問有沒有相關的租借服務，有的話就可以跟他們預約時間去談合作，最好帶模特兒一起去試穿，以拍攝作品的風格去挑選租借。禮服公司有租借的話，同行會有同行的租借價，但每家公司的收費不一樣。當然，如果選擇越手工款、越高級的，租借費用一定不便宜。但只是要拍攝作品的話，不用租借太貴太好的，可以跟攝影師討論一下，要怎麼拍出好質感，通常照片上不會那麼明顯看出質感好不好。所以禮服挑選盡量在預算內，又符合想要呈現的風格。

　　另外一個方法是，不一定要找禮服公司，也可以先從網路上購買二手禮服，手邊準備幾件二手的，有時就算沒有攝影師，還是可以約模特兒來創作，或者練習化妝，或新娘來試妝時，至少有個禮服跟妝髮搭配，整體感覺還是很不一樣的。不妨準備幾件耐看的，還有你喜歡的風格款式，這樣當飾品、妝感不同時，可以交替變換。搭配不同的飾品、妝感、髮型，一套禮服還是可以拍出不同的風格，所以是可以一直重複使用，看來是蠻值得投資的。一方面，當花錢投資了這些，你也會逼迫自己更努力，畢竟錢都花出去了，總是會想收回來。

拍攝地點

　　有些攝影師會有自己的簡單棚，如果合作的攝影師剛好有棚，那當然可以利用拍攝。剛開始的時候，通常會拉到外景，根據你拍攝的風格，找不用收費的地方拍。像是樹林、一些建築物、百貨公司門口，甚至路上店家的牆，只要是好天氣，很多地方都能拍，其實陽明山就有很多地方可以拍。除非有預算，可以一季、半年、一年，有特別想要拍的主題，就花點錢特別針對這個主題風格去找適合的棚跟景拍攝。

　　新手低預算，如果有工作室，也可以用自己的工作室拍，擺個沙發，或者借用窗簾光透進來的質感也是可以拍。其實這都是可以很靈活變化的，不一定要去哪裡拍。背景是襯托作品用的，所以主角還是在於你的整體造型感要好，真正要花時間下功夫的還是在於你的專業技巧。

作品宣傳曝光

前面談過作品在社群曝光的方式，因為現在就是網路社群最方便，大家也習慣在網路上找資訊。但其實可以不用這麼設限一定要在哪裡曝光，只要是可以公開曝光的都是可以去宣傳的。甚至可以在路上發宣傳單、投信箱，或者可以跟一些美容、美髮、美睫店談合作，讓他們可以放你的名片在那邊。

宣傳單上面，除了要有詳細的聯絡方式外，可以簡單放上兩、三張作品，然後把可以看到你更多作品集的連結也要放上去，例如臉書、IG或部落格等。

做這行就真的要厚臉皮，因為需要人脈跟資源，畢竟不會剛好身邊的親朋好友一直都有人在結婚，所以一定是先從陌生人開始開發，製造吸引客源的機會。

當你用一些比較傳統的方式像發傳單或投信箱時，也許這個時候剛好有人要結婚，就是不知道從何找起時，剛好看到你的傳單，她可能就有興趣了，機會就來了。

當你做了這些宣傳，在茫茫人海中，總會有人因為這些宣傳而成為你的客人，誰知道呢？所以不要想那麼多行不行，就行動吧！

熟悉婚禮習俗流程

　　新秘為什麼也要知道婚禮流程呢？不是只要幫新娘把造型打理好嗎？作為新娘身邊的貼身人物，新娘秘書絕對是當天重要的幕後靈魂人物之一。如果熟識婚禮習俗流程，現場有突發的任何狀況時，必能適時的給予建議與處理，良好的臨場反應能安定新娘的情緒。如此亦能彰顯你的貼心服務態度與責任感，口碑不就是從這些小地方建立起來的嗎？

文定流程

　　文定之喜也稱訂婚，是兩人互許終生的前奏，是結婚前的暖場。訂婚是男方到女方家下聘，讓雙方親友認識一下，並接受長輩等各方的祝福。由女方主導的文定，設宴也是由女方主導規劃，宴席上大部分也是女方親友為主。文定流程為：

男方祭祖

　　男方前往女方家下聘時，需先在家祭祖，並將下聘用的餅上香祭祖告列祖先，祈願訂婚過程順利圓滿，婚姻幸福。

男方出發

　　迎親車隊，帶著六禮或十二禮前往下聘，鳴炮後車隊出發。

迎納

男方車隊快到女方家之前要先鳴炮以通知女方，女方也要鳴炮來表達歡迎之意。到達後媒人要先下車，然後是準新郎。

介紹

當男方家人都進女方家時，媒人要正式介紹雙方親友，順序是從男方開始。

納徵

男方親友（貢禮官）將聘禮抬進女方家，女方接受聘禮，並包紅包給貢禮官。媒人將大小聘、金飾等禮單點交給女方家長，女方家長將其陳列出來。

奉甜茶

男方親友依長幼入座，準新郎坐最後面。準新娘由好命婆陪著捧著甜茶依序向男方親友團奉茶，媒人婆隨旁唸吉祥話。

壓茶杯

　　奉完茶之後，等男方親友喝完，準新娘捧茶盤收茶杯。這時男方親友將紅包捲好後放入茶杯中。

交換戒指

　　吉時到，在好命婆的陪同下，在雙方家長與親友的祝福下，準新娘面向外坐在正廳中的高椅，腳放在矮椅上。接著是新郎新娘交換戒指。然後是雙方家長的見面禮，準婆婆幫準新娘戴上項鍊；準岳母幫準新郎戴上金飾。

掛官頷錢

　　由準婆婆將紅包綁上紅絲線，掛在新娘脖子上。

女方祭祖

　　準新娘的舅舅點燭燃排香，排香需點兩對，女方父母及準新人各一（排香需一對一次插到底，勿拿起重插香爐）。媒人在旁唸吉祥話，然後女方父母拜神明祖先，告知婚事已定。

女方回禮

　　女方將男方送來的聘禮收一部分，並回禮。

訂婚宴

訂婚儀完成後，準新娘更換第二套禮服。男方給女方壓桌禮；女方給雞腿、紅包一份給男方幼童；男方包紅包給所有幫忙的人，以表感謝。在喜宴沒有結束前，男方親友需先行離開，勿說再見，以避免再次下聘。

結婚流程

雖說隨著時代的進步，有些人捨棄了婚禮的繁文縟節，但畢竟是人生大事，大部分人還是會顧及家中長輩意見與親友的觀感，所以通常還是會遵照傳統習俗完成婚姻大事。結婚流程為：

祭祖

男方出發迎親之前祭拜祖先，以求婚禮過程順利。

迎親

迎娶車隊與人數皆須為偶數，以6與12為佳。新娘禮車為第二部。

鳴炮

迎親車隊到達新娘家巷口時，會鳴炮通知，女方也會鳴炮回應。

迎接新郎

迎親車到達女方家時，由女方男童或晚輩開車門迎接新郎下車，開門者要準備兩顆蘋果或橘子給準新郎摸，準新郎回贈紅色。

討喜

新郎持捧花接新娘，新娘的閨密們可設計闖關遊戲，讓新郎團通過考驗後將捧花交給新娘。

拜別

祭拜神明祖先後，拜別父母感謝其養育之恩，並由父親為新娘蓋上頭紗。

新娘上禮車

　　吉時到由好命婆或媒人牽新娘，頭上以竹篩或黑傘遮住，只要是沒有屋簷的地方，新娘上車前都要遮。

擲扇

　　禮車開動時，新娘將兩把扇子其中一把綁上紅包的丟到車窗外，由新娘家的晚輩撿起。

潑水

　　禮車開動後，新娘媽媽在車後潑一盆水，希望女兒婚姻幸福，不會想回娘家。

報喜

　　迎親隊到達男方家，男方家人燃炮慶賀。

拜轎

　　禮車到達新郎家，小男童手捧兩個橘子或蘋果開車門，新娘摸一下橘子或蘋果並贈紅包答謝。

破瓦

　　來到大門前，新娘踩破瓦片後，跨過火爐，俗稱破煞與過火。

祭祖

新人敬茶上香拜祖先神明。

敬茶

向男方家長及長輩敬茶，家人以紅包為賀禮。

進房

新郎揭開新娘的頭紗，接著坐同心椅，椅上放著新郎褲子，褲子內外有放紅包，一同坐下後接著吃甜湯。所有人在新娘未脫下白紗前忌坐在床上或碰床（滾床男童除外），避免懷孕時害喜情況嚴重。

喜宴

新人備酒席宴請親朋好友，分享生命中的喜悅，新娘會更換二至三套禮服，以最美的姿態迎接各方的祝福。

貼心小提醒

實習的必要

去上新秘課程時，老師通常會給學生一兩次的實習機會。萬一沒有這個機會，可以上新秘社團詢問，看有沒有老師要帶助理實習，看是要免費或是只需要車馬費。如果沒有實習過，沒有親身走過一遍婚禮當天的流程，就不知道實際上會碰到什麼問題，要如何解決；等真正接案的時候，若沒實際經歷過，臨場反應不佳，萬一發生什麼事，就會很糗。

最好要跟那種整天的，從早妝一直到整個宴會結束的流程都要跟到，可以很清楚了解整個過程需要做哪些事。建議多跟幾場才會看到不同的情況，跟三到五場實習比較理想，可以看到比較多禮俗也好，或者流程上面的一些步驟，然後學習時間的控管。

PART

正式開始新秘生涯

接案秘訣
預約試妝／下訂檔期
婚禮前準備
婚禮當天

接案秘訣

客人可能從網路、親友或者其他管道知道有你這個新秘，機會來了就是要好好把握。在應對的過程中，要多聽取對方的需求，如果對方對新秘這塊不太了解，也要耐心引導她的需求，用專業的態度諮詢，充分讓新娘覺得你是可信任的，如此被下訂簽約的機率才會大。

溝通媒介

電話

通常會有人打電話來詢問，是因為想儘快得到答案，不想用通訊軟體，這樣還要等，直接打電話問比較快。

很多客人劈頭都會先直接問畫一次多少錢？這時你要先問一下她的婚期，先確認她的婚期是你可以接的檔期，再來討論其他的。假設她的婚期你沒有空檔，就說：「不好意思，我那天的檔期已被預約了，要麻煩您另找其他新秘，感謝您的欣賞與肯定。先祝您新婚愉快。」即使沒有成功接到這個案子，也要保持禮貌互動。

第二種情況，一樣一定要先詢問婚期，假設他的婚期是你的檔期可以預約的，可以進一步詢問要提供哪些服務：是訂婚還是結婚？或是訂婚與結婚同一天？中午還是晚上？是在哪個縣市？只單純畫新娘的造型，還是也需要畫親友的？客人的需求都搞清楚後，再報價。

通訊軟體（Line或FB）

　　現在有很多人在網路上找到新秘後，在看過作品覺得是自己喜歡的風格後，蠻多人都會直接透過社群通訊軟體（臉書），直接詢問。基本上跟客人打電話來時互動溝通的方式是一樣，在這裡就不贅述太多了，直接拿Demi老師跟客人溝通的實例範本給各位參考，希望大家更有臨場感，能更快速把握其中的精髓，吸收消化成為自己的東西後，能順利接案成功。

阿寶老師您好
我想跟您詢問
2019/4/6那天 是否仍有檔期
那天會有簡單訂結儀式和宴客 3-4套服裝
請問還可以跟您訂嗎 不用試妝 我的好友芊
芊跟詩婷都給您化 當時就已下定決心了
♥ 再請您回覆 謝謝您

　　哈囉哈囉Michelle😊：
　　目前這天檔期是ok的

　　訂結同日（4造型）

　　再麻煩妳提供mail給我，我傳資料給妳填寫回傳喔

👍

太好了

我太開心了

我的email是

謝謝老師

太好了♥♥♥🎵🎵🎵

　　好的好的，我等等傳到mail再跟妳說喔

7:40　您好 想請問您12/30中午訂婚還有檔期嗎？我也是在板橋哦

　　你/妳好，Demi現在不在線上，請先留下婚期/需求，
　　以方便彼此訊息往來的次數，
　　Demi將於有空檔時間盡快回覆訊息，謝謝:)
　　或直接透過Line聯絡也可以！
　　Line ID:demiho

　　造型師阿寶Demi感謝妳的支持

　　妳好，目前妳詢問的日期已經滿檔了，有需要幫妳推薦其他優質新秘嗎？謝謝

Ok

　　謝謝妳的喜愛，先預祝妳新婚快樂♡

謝謝哦

請推薦其他新秘哦

因為我訂婚12/30比較趕

　　好的，晚點幫妳詢問看看有沒有空檔，有的話貼上來給妳喔

喜歡您的妝感 希望找類似的哦

服務性質解說（大部分的工作流程）

午宴（訂婚／結婚）

1. 若是中午宴客，通常服務從6點到16點，應於早上6點前到達，一般都在新娘家完成訂婚或迎娶儀式（統一在飯店舉行儀式之新人除外，化妝時間是以新郎到新娘家的時間往前推3小時開妝）。
2. 迎娶到新郎家後，隨時注意新娘的狀況，是否需要補妝。
3. 午宴開始入場之前，需幫新娘最後完整補妝。
4. 第一套進場完成後，大約上2～3道菜時，開始幫新娘換上第二套敬酒造型，並調整彩妝。
5. 敬酒完成後，直接進休息室再幫新娘更換送客造型，調整符合禮服的整體妝容。
6. 最後一套造型完成後即可離場（全程跟陪服務則需陪到送客結束）。

晚宴（訂婚／結婚）

1. 若是晚上宴客，通常服務從6點到22點，應於早上6點前到達，一般都在新娘家完成訂婚或迎娶儀式（統一在飯店舉行儀式之新人除外，化妝時間是以新郎到新娘家的時間往前推3小時開妝）。
2. 迎娶到新郎家後，隨時注意新娘的狀況，是否需要補妝。
3. 晚宴開始入場之前，需幫新娘最後完整補妝。
4. 第一套進場完成後，大約上2～3道菜時，開始幫新娘換上第二套敬酒造型，並調整彩妝。
5. 敬酒完成後，直接進休息室再幫新娘更換送客造型，調整符合禮服的整體妝容。
6. 最後一套造型完成後即可離場（全程跟陪服務則需陪到送客結束）。

同日（訂婚結婚同一天）

1. 若是白天儀式中午宴客，通常服務從6點到16點；晚上宴客，通常服務從6點到22點，皆於早上6點前到達，一般都在新娘家或飯店完成訂婚或迎娶儀式，直接宴客。有些也會早上訂婚，下午迎娶，晚上宴客（化妝時間是以新郎到新娘家的時間往前推3小時開妝）。

2. 迎娶到新郎家後，隨時注意新娘的狀況，是否需要補妝。

3. 晚宴開始入場之前，需幫新娘最後完整補妝。

4. 第一套進場完成後，大約上2～3道菜時，開始幫新娘換上第二套敬酒造型，並調整彩妝。

5. 敬酒完成後，直接進休息室再幫新娘更換送客造型，調整符合禮服的整體妝容。

6. 最後一套造型完成後即可離場（全程跟陪服務則需陪到送客結束）。

純宴客（補請／歸寧）

1. 若是中午宴客，通常服務從9點到16點，應於早上9點前到達，一般都在新娘家完成造型出發至飯店直接宴客，也有直接在飯店休息室梳畫，畫完直接宴客（化妝時間是喜帖開桌的時間往前推3小時開妝）。

2. 純宴客不一定有活動，但一定會有2～3個造型。

3. 宴客開始入場之前，需幫新娘完妝。

4. 第一套進場完成後，大約上2～3道菜時，開始幫新娘換上第二套敬酒造型，並調整彩妝。

5. 敬酒完成後，直接進休息室再幫新娘更換送客造型，調整符合禮服的整體妝容。

6. 最後一套造型完成後即可離場（全程跟陪服務則需陪到送客結束）。

詢問服務需求

- 婚期
- 午宴、晚宴或全天
- 是否需要試妝
- 訂婚或結婚，或訂結婚同一天
- 有無需要畫親友妝，總共有幾個人
- 畫妝地點
- 宴客地點
- 新郎到新娘家時間（儀式時間）
- 超時鐘點需加收費用
- 哪個縣市是否提供住宿及車馬費

奧客OUT

　　遇到奧客總是難免的，也不用太耿耿於懷。如果前面接洽的感覺不是那麼好了，之後服務上也不會那麼開心。所以碰到這種客人的話我就是靠緣分，既然不尊重我的專業，不覺得我值那個價錢，那就再多看看別的新秘沒關係。

奧客之一：可不可以算便宜一點？

　　不幸遇到這樣的客人，我會說：價錢是公開透明的，每個新人的收費方式都是一樣的。如果今天我被說動，真的算某些人便宜一點，那會對不起其他沒有跟我殺價的客人。

奧客之二：已經下訂，婚期快到時問，可不可以幫忙畫幾個親友，簡單隨便就好？

　　這種情況其實就是想拗免費的。我都會說：不好意思，給我們服務的話，工時跟步驟也是一樣，不可能隨便用，要用就要用到好，所以要請我們畫就是要收費。如果只是隨便簡單，那請會畫妝的親朋好友簡單幫忙畫一下就好，也可以更省錢。

　　讓客人自己去斟酌，是要付費讓我們幫她服務，還是把錢省下來請會畫妝的親朋好友畫。如果讓她拗一個的話，後續就會很麻煩，可能會得寸進尺，這個拗一下，那個也要拗。

預約試妝／下訂檔期

　　現在大部分的新娘都會選擇試妝，以確認新秘的手法、溝通各方面是否契合，這樣其實對雙方來說都是好事，簽約下訂檔期之前，先面對面的溝通，就能減低彼此認知上的誤差。如果你是個有實力，又有服務熱忱與責任感的新秘，就不用擔心預約試妝這件事。當然，有時難免也會碰到試妝之後對方並不喜歡的情況，那也不用太耿耿於懷，畢竟可能有很多因素組成，盡心做到最好即可。

預約試妝溝通技巧

　　當新娘在網路上看過你的作品集之後，對你的造型有好感，為了避免網路與現實的誤差太大，就會想預約試妝，現場感受確認一下妝容，以及跟你溝通的感覺。當確認新娘的婚期是你可以服務的，新娘有試妝需求的話，就跟她說明你的試妝方式，以及會酌收試妝費用。

　　預約好了以後，因為你也沒見過她本人，可以請她提供喜歡的造型圖片參考，多準備幾張，就從那幾張圖片裡面，找出共同點畫成她要的妝容。透過參考圖片的方式溝通，可以快速達成共識，確實知道彼此在表達什麼。

　　當客人來到現場以後，先跟客人解說，你會依照她提供的參考圖這個方向去畫，但會再針對客人的眼睛、皮膚等，以她本身最合適的方式去畫，等畫完之後，再溝通有沒有需要再調整。因為每個人的特質都是不一

樣的，無法跟圖片完全一模一樣。

　　現場畫好後，看哪裡還有沒有需要調整，有些新娘的看法可能跟你的專業判斷會有出入，會對你的專業表現造成大大的扣分，這時還是要拿出你的專業態度來說服新娘。當對造型達成共識後，對方確定也跟你簽約下訂檔期了，就把試妝的妝容拍照起來，結婚當天就依照試妝最後討論的樣子去做造型。

沒有預約試妝的客人

　　如果已經確定跟你簽約下訂檔期了，對你的技術非常信任，沒有要來現場試妝，可以開個Line對話群組，請她將自己收集的造型參考圖片傳到相本給你，或者傳到email也可以。

　　你再針對她傳來的參考圖，加上她穿禮服的樣子、本人素顏照，抓住適合她的造型，然後跟她溝通你會根據哪個參考圖去做造型。如果她沒來試妝，又完全沒想法，不想找造型參考圖，這樣其實更有自由發揮的空間，代表她非常信任你，你當天能幫她妝扮漂亮就好。

　　但還是會請她傳一張她的正面無美肌素顏照，了解她的皮膚、五官狀況，還有髮長、髮色，這樣才會知道到時候要畫怎麼樣的妝感。還有也會需要她傳禮服的照片，看看需要準備什麼飾品配件，有沒有需要假髮，因為有人可能髮量、髮長不夠。

下訂檔期合約簽訂

　　首先確認客人的婚期是你可以的，客人也接受你的報價，接下來就是簽訂合約。如果客人要來試妝，那就現場試妝完，客人覺得滿意OK後，也付了訂金，就可以現場簽訂紙本合約。

　　若是沒有來現場試妝，婚期、報價確認了，訂金款項也收到了，就請她提供email，然後傳你需要她填寫的婚期資訊。等她把資料傳回來後，就把內容幫她填進合約書，填好後轉成PDF檔寄給她。

　　因為有些客人覺得要簽名回傳很麻煩，所以客人回傳婚期資訊後，我會直接幫她們填好資料，客人不需要再填資料、簽名，就是以方便為主。但電子簽約要附註一條「雙方同意此份電子合約為正本」。

　　須特別注意的是，不接受口頭約定，正式簽訂合約是確保雙方的權益。另外，沒有收到訂金就沒有合約書。

下訂檔期注意事項

Demi老師給客人的範本

* 詢問檔期時須提供以下內容：
需求寫得越清楚越能加快詢問速度喔！

婚期（年/月/日）
需求（單妝/訂婚/結婚/
訂結同日/宴客補請）
午宴/晚宴
宴客化妝地點 or 縣市
宴客餐廳/飯店 or 縣市
宴客當日造型數需求

* 不接受口頭預約，檔期以
收到總服務費用30%訂金
經確認無誤後才會通知檔
其已預約成功，回傳資料
後則寄出新秘合約書。
* 檔期預約完成後，恕不退
還訂金（不接受取消/改期
/轉讓之要求，請見諒）

DEMI HO MAKEUP STUDIO

Line ID : demiho
0916 396 763

合約範本

新娘秘書服務合約

主旨：本合約提供結婚新人：＿＿＿＿＿（以下簡稱甲方）與新娘秘書：＿＿＿＿＿（以下簡稱乙方）確認服務日期、服務時間、服務地點、服務項目、服務內容以及服務費用之憑證。

一、甲乙雙方約定事項同意依照以下指定之日期、時間、地點及服務項目提供甲方服務：

<table>
<tr><td rowspan="3">服務內容
預約日期</td><td>訂婚：　　年　　月　　日　時間：</td><td>NT$：</td></tr>
<tr><td>結婚：　　年　　月　　日　時間：</td><td>NT$：</td></tr>
<tr><td>其他：　　年　　月　　日　時間：</td><td>NT$：</td></tr>
<tr><td colspan="3">服務時間正常為新郎到新娘家時間往前推3小時到府服務，如需乙方提早到府，則須加收超時鐘點費300/hr、600/2hr……以此類推，如正常服務時間在AM6點前，需直接加收超時鐘點費。</td></tr>
<tr><td>服務項目</td><td colspan="2">□單妝（主妝）　□新娘秘書（主妝＋宴客妝）　□其他</td></tr>
<tr><td rowspan="2">服務地點</td><td colspan="2">化妝地點：</td></tr>
<tr><td colspan="2">宴客地點：</td></tr>
<tr><td>服務內容</td><td colspan="2">□新娘整體造型　□水粉　□假髮　□飾品　□配件　□單色指甲油
□專業綁胸服務　□其他，請說明：＿＿＿＿
訂婚：＿＿＿＿套造型　結婚：＿＿＿＿套造型　訂結同日：＿＿＿＿套造型
補請純宴客：＿＿＿＿套造型　□造型數收費　□婚禮全程不離場收費</td></tr>
<tr><td>外加費用</td><td colspan="2">□媽媽妝、髮　□媽媽造型　□伴娘妝、髮　□伴娘造型　□新郎妝、髮
□新郎造型　□親友妝、髮　□親友造型　□住宿費　□車馬費　□實報
實銷　□租借配件押金　□其他＿＿＿＿費用NT$：</td></tr>
<tr><td>服務費用
總額</td><td colspan="2">新台幣$　　　＋外加費用$　　　＝總服務費$</td></tr>
<tr><td rowspan="3">付款</td><td colspan="2">訂金　　　　日期　　　　簽收人</td></tr>
<tr><td colspan="2">尾款　　　　日期　　　　簽收人</td></tr>
<tr><td colspan="2">尾款　　　　日期　　　　簽收人</td></tr>
</table>

二、甲乙雙方遵守事項：

第一條　乙方（造型師）之終止契約責任與違約賠償標準
　　　　一、因不可抗力或不可歸責於乙方之事由，致使本合約無法服務時，乙方於知悉後應立即通知甲方並說明事由，乙方得解除本合約，惟乙方應將甲方支付之訂金退還。乙方不需負擔其損害賠償責任。
　　　　二、因可歸責於乙方之事由，致服務無法履行時，乙方於知悉後應立即通知甲方並說明其事由。雙方得解除本合約，並將甲方支付之訂金退還。同時應依下列標準賠償甲方依服務費用全部計算之違約金。1.乙方通知於服務日期計起第九十日以前，賠償服務費用總額之百分之五。2.乙方通知於服務日期開始前計第九十日以內，賠償服務費用總額百分之十五。3.乙方通知於服務日期開始計第四十五日以內，賠償服務費用總額百分之三十。4.乙方通知於服務日期開始計第三十日以內，賠償服務費用總額百分之六十。5.乙方通知於服務日期開始計第七日至當日以內，賠償服務費用總額百分之一百。

第二條　甲方（結訂婚新人）之終止契約責任與違約賠償標準
　　　　一、因不可抗力或不可歸責於甲方之事由，致使本合約無法履行時，甲方於知悉後應立即通知乙方並說明事由，甲方得解除本合約，甲方不需負擔其損害賠償責任，亦不得請求乙方退還訂金。
　　　　二、因可歸責於甲方之事由，致服務無法履行時，甲方於知悉後應立即通知乙方並說明其事由。雙方得解除本合約。同時應依下列標準賠償甲方依服務費用全部計算之違約金。1.乙方通知於服務日期計起第九十天以前，賠償服務費用餘額之百分之五。2.乙方通知於服務日期開始前計第九十日以內，賠償服務費用餘額百分之十五。3.乙方通知於服務日期開始計第四十五日以內，賠償服務費用餘額百分之三十。4.乙方通知於服務日期開始計第三十日以內，賠償服務費用餘額百分之六十。5.乙方通知於服務日期開始計第七日以內，賠償服務費用餘額百分之一百。

第三條　本合約內容一旦生效後，除上開約定外，雙方不得解除契約，亦不得請求返還訂金

第四條　本合約若有未盡之事宜，甲乙雙方依誠信原則處理。

第五條　甲乙雙方應以誠信原則履行本契約。簽約當事人應為被服務者與實際服務者；雙方不得以本契約非實際參與者簽約為抗辯。

第六條　本合約內容一式二份需經甲乙雙方簽署同時需由甲方支付訂金給乙方後始具效力，雙方同意以簽署過之傳真或mail為正本。

第七條　其他約定事項說明：乙方為甲方當天服務時所拍攝的任何照片（包含素顏），都可無條件提供乙方用於行銷廣告之使用。

甲方（新娘或新郎）姓名：　　　　　　　乙方（新娘秘書）姓名：
身分證字號（ID）：　　　　　　　　　　身分證字號（ID）：
連絡電話：　　　　　　　　　　　　　　連絡電話：
地址：　　　　　　　　　　　　　　　　地址：
甲方（新娘或新郎）簽名：　　　　　　　乙方（新娘秘書）簽名：

簽 訂 合 約 日 期 ： 中 華 民 國　　　　　年　　　　月　　　　日

婚禮前準備

　　簽約接下案子後，是新秘責任的正式開始，婚禮前準備的越充足，臨場反應會越好，就算有什麼突發狀況，也能從容面對。所以婚禮前盡量多花時間了解新娘的特質，而工具箱是最貼身的隊友，前往工作之前，尤其是前一天晚上一定要檢查、準備好。

了解新娘特質與造型溝通

　　通常婚前新娘會約見面討論溝通造型，了解五官整體感覺，去做妝容、整體造型建議，這時就會很直接的知道她的皮膚狀況怎麼樣，是乾、還是混合、或是很容易出油的。再來她的臉型該怎麼修飾，有沒有大小眼需要調整。

　　在那個當下，會根據她的氣質跟外型去為她量身訂製適合個人風格的造型。如果她已經挑好禮服，會根據她本身的型、禮服，事先跟她說明會幫她找什麼樣的髮型、飾品，搭配整體感覺。如果在討論時還不確定禮服，我會看她當下整體的感覺，是偏氣質或甜美、甚至偏個性風，建議她禮服大概可以往哪個方向挑選；雖然禮服還未確定，但還是會先跟她溝通好妝容、髮型等。等禮服挑選好了，請她傳照片，會再跟她做一次造型上的確認建議。

　　一般客人有來試妝的話，是以試白紗的造型為主，通常以氣質乾淨、適合客人的風格去畫。所以也會先跟客人溝通，不會有什麼特別很復

古或很over的唇彩。然後試妝的當天，濃淡度是以當下的光線去畫的，結婚當天還會根據現場的燈光作調整。因為結婚當天在新娘家畫時，她們家可能是白色日光燈，就不能把她畫得太濃，如果平常沒化妝習慣的新人會很不習慣。到宴會廳的時候，餐廳為了比較有氣氛通常都是黃光，燈光都是偏暗，到現場會再微調妝感。

有些客人會帶參考圖來溝通，會說她大概喜歡怎麼樣的妝，我會儘量照上面的妝幫她畫，但還是會微調，因為每個人的型不太一樣。假設她的眼睛明明就是單眼皮，甚至是非常小的，然後她希望能畫成大雙眼皮娃娃妝，其實那是有限的，基本上會以客人想要的參考值的八成，然後保留二成的空間微調。

新娘不主動溝通，新秘要主動出擊

如果沒有主動找我溝通造型，我會在婚期前二至三個月開始聯繫，跟新娘提醒，記得她們挑選好禮服的時候，把禮服照片傳給我；如果她有特別喜歡的造型，一併收集好圖片傳過來，會建議她儘量多收集幾張。從幾張圖片裡可以看出共同點，可以抓出她大概喜歡的風格，就往那個方向設計適合她的造型。

我會根據她的圖片，加上她的禮服，以及她素顏照上的本人氣質感，建議她每套禮服可以做哪個圖片的造型，搭配什麼樣的髮型。同時會提醒她，不會做跟她提供的一模一樣，因為每個人髮長、髮質、髮色都完全不同，所以要做出一模一樣的東西也不可能，只是大致上整體感覺會像，還是會根據新娘現場整體氣質微調適合她的樣子。

如果她今天給我的圖片都完全不適合新娘本身的感覺，那我就會提供圖片讓她挑選。像有些新娘明明就比較嬌小可愛，或是比較適合甜美的感覺，但她挑的樣式都比較偏向成熟，甚至是比較老氣，我就會以專業的

角度，要她不要做這款造型。如果真的照著她喜歡的樣子做，沒有提供我的專業建議，現場的人也會覺得，她明明就很可愛，可是新秘怎麼幫她做老了。這樣口碑是不是就毀了！

新娘慎選伴娘

訂定檔期後，我習慣會問新娘當天會有伴娘嗎？我會建議她找比較有經驗的，會知道當天跟在新娘身邊要幹嘛。如果找很多個伴娘，至少要有一兩個是比較貼心、有責任感的，會跟在旁邊隨時幫忙的。我個人真的遇過不少那種只顧自己補妝、一直自拍的。如果新娘不好意思講，我會很客氣禮貌的提醒伴娘：「不好意思，等一下要麻煩妳幫忙提裙襬、拿包包……」，也會提醒新娘，伴娘禮服要挑到膝蓋的，不要拖地的那種，不然到時候她光顧自己的裙襬就沒空顧新娘了。

保養提醒

在確定簽約的時候，我就會傳一份婚前保養叮嚀的資料給客人，同時提醒婚禮前一個晚上要做哪些事情。

一般來講的話，會建議客人在婚前半年就可以開始認真補充保濕，保濕一定要做足。建議客人有空就敷面膜，每次都敷個十到十五分鐘，敷完後就擦上保濕的化妝水跟乳液。保濕化妝水是補水，保濕乳液是鎖住水份，因為乳液是油，所以會把水份鎖在肌膚底層，所以一定要做乳液或乳霜這道鎖水的步驟。如果本身皮膚保水度變好，或夏天不喜歡黏膩感，那只需要擦清爽型的保濕化妝水、乳液就夠了，如果臉部在這段時間非常的

乾，甚至到脫皮，已經接近婚期的前三個月，就擦比較高保濕度的乳液、乳霜。

　　婚前三個月內要密集保濕，就要勤勞一點敷面膜，可能兩天敷一次，一個禮拜敷兩、三天。其他一些美白、甚至特別功效的換膚，通常在婚前三個月最好都不要再做。如果特別想做那些侵入性的，或是比較深層的，就在半年前趕快做一做。

　　婚前一個月，就是不要做很大的皮膚變動，保濕做足，每天開始敷保濕。不要用深層清潔，例如：果酸換膚、杏仁酸以及深層清粉刺、擠痘痘，像是有些閉鎖性粉刺要清很深，容易感染過敏。最好也不要隨便更換保養品，因為有時突然換保養品會造成皮膚過敏；婚前因為內外在壓力，皮膚比平常更顯敏感，為了以防萬一，建議就不要更換，除非是換敏感肌膚專用的無香精無酒精成分的保養品，就不在此限制。

　　遇過一個新娘在婚前的一個禮拜跑去挽臉，記得她來試妝的時候皮膚是零毛孔，結婚當天一到她家，看到她的素顏時令我驚訝，因為整個鼻子幾乎全部膿胞爛痘。我就跟她說：「記得有提醒妳，婚前三個禮拜不要做太深層的清潔。」她說因為她沒時間，只有婚前一個禮拜有空，所以她還是去用，況且之前有用過沒有發生這樣的情形。我告知她，靠近婚期其實皮膚會比較敏感，因為多少都會心理影響生理，無形的壓力會影響到皮膚的代謝，所以才會在婚期之前特別提醒。不過事情已經發生了也只能解決它，於是當天在打底的時候，光是底妝就花了一個多小時，因為要很薄透，然後又不能讓她的痘痘很明顯。最後雖然凹凸還是看得到，但整體的遮瑕效果還不錯，只是不能像試妝當天的好膚況讓妝感加分，這點真的很可惜。

婚前保養小叮嚀

＊婚前3個月內加強保濕，只敷保濕面膜10～15分鐘勿超過，取下後擦上
　保濕化妝水、保濕乳液。
＊不要任意換保養品（建議使用平常用習慣的品牌或敏感肌膚專用的保濕
　化妝水、乳液）。
＊婚前2～3週內不要做深層清潔保養皮膚美容課程（例如：果酸換膚、挽
　臉……以免皮膚恢復期不夠，影響當天化妝品質）。

Demi老師製作給客人的範本

婚前保養小叮嚀　造型師 : Demi Ho

＊婚前3個月內加強保濕
　只敷保濕面膜10-15分鐘勿超過
　取下後擦上保濕化妝水保濕乳液
＊不要任意換保養品
　建議使用平常用習慣的品牌或敏
　感肌膚專用的保濕化妝水乳液
＊婚前2-3週內不要做深層清潔保養
　皮膚美容課程（例如：果酸換膚
　/挽臉...以免皮膚恢復期不夠，
　影響當天化妝品質）

DEMI HO MAKEUP STUDIO

Line ID:demiho　0916-396763

婚禮前一晚小叮嚀

＊晚上6點後勿喝太多水以防水腫。

＊前一晚請把頭髮吹全乾再睡，不要潤濕／不要護髮／不要上髮品，以防隔天含有油質或水份容易扁塌，影響造型的蓬度與捲度。

＊擦身體乳液時，請避開上半身胸前位子，以免身上的油質過多造成隱形胸罩nubra黏不住，一流汗就鬆脫的困擾喔！

＊婚禮化妝請配戴淺色隱形眼鏡（不硬性規定，但淺色隱形眼鏡能比較有混血感）。

Demi老師製作給客人的範本

婚禮前一晚叮嚀　造型師 Demi Ho

＊晚上6點後勿喝太多水以防水腫

＊前一晚請把頭髮吹全乾再睡
　不要潤濕/不要護髮/不要上髮品
　以防隔天含有油質或水份容易扁
　塌，影響造型的蓬度與捲度。

＊擦身體乳液時，請避開上半身胸
　前位子，以免身上的油質過多造
　成隱形胸罩nubra黏不住，一流
　汗就鬆脫的困擾喔！

＊婚禮化妝請配戴淺色隱形眼鏡

DEMIHO MAKEUP STUDIO

Line ID:demiho　0916-396763

準備工具

前一晚我就會好把工具箱準備好。基本上會把新娘造型所需的物品都準備好，像髮飾、項鍊、耳環、手鍊等，可以去買，也可以跟同行租借（建議如果說那個東西平常不是你的風格，很少用到的話，就可以跟別人借）。

有些新娘會有自己的項鍊或其他飾品，現場可以看看她的比較適合，還是我準備的比較適合，當下看哪個適合就用哪個。有些新娘家裡比較注重傳統習俗，會希望她都戴著金飾，可能只在送客時才會換成我們幫她準備的飾品。但無論如何還是都會把飾品帶著，因為當下溝通如果長輩覺得可以換成新秘準備的飾品，那就把她的金飾拿掉，換成新秘準備的。

我們通常會有兩個主要工具箱，一個化妝工具箱，裡面會準備好化妝所有會用到的工具；另外一個工具箱是放髮型的工具。化妝箱裡會有化妝水、乳液、隔離霜、粉底、蜜粉、眼線液、眼影、睫毛膏等等；髮型箱裡則有電棒、梳子、吹風機、離子夾、髮蠟、定型液等等。

其他就是禮服相關，還有突發狀況時會用到的物品工具箱，例如針線、別針、封箱膠帶、雙面膠，還有身體水粉，就是穿完nubra、禮服完後，幫新娘擦身體水粉。膠帶跟水粉在穿禮服時一定會用到，膠帶用在nubra貼好後，會用來讓胸部集中托高，穿禮服胸型才會在正確的位置上，才會漂亮才會挺。針線盒、別針、雙面膠會常用到，因為在所有突發狀況裡面，禮服大小不合，算是突發狀況裡面最常遇到的案例，現場會幫新娘拿別針別，或是簡易縫一下。

針線、別針小兵立大功

　　一般婚禮前一晚去拿禮服的時候，婚紗公司通常希望客人試穿過後，確定鬆緊度尺寸沒有問題再拿走。禮服公司在新娘去試穿禮服時，如果確定要租借，他們會先確定三圍尺寸給修改師，在結婚前一天去拿時，修改師是按當時量的三圍改。在婚禮前一天去拿禮服時，新娘就是要試穿過看有沒有變胖或變瘦，要做最後修改，修改好確定沒有問題婚紗公司才會讓客人拿走。

　　但有些新娘可能趕時間，想說當初已經給過三圍了，應該不會有問題就拿走了，結果結婚當天發現尺寸不合，也來不及送回去改了。有人可能試穿當天吃太飽，而結婚那天吃不太下，整件禮服至少掉了兩寸，這樣就差超多，那就一定會滑。或有人的婚紗突然破洞了，這些狀況針線就能派上用場（建議新娘拿禮服時一定要現場試穿，並檢查確認禮服配件都沒問題再離開）。

　　變瘦是比較好處理的，還能用針線去縫小；變胖拉鏈拉不起來很難救，尤其是那種快繃開的，我們頂多在禮服內兩側縫線處幫它剪開，再拿別針別或以針線修補一下尺寸。但是這種客人很少，十個客人裡面只有一個比較脫線，通常去拿時都會試穿。

工具箱清單（沒有鉅細靡遺全部列出來，請根據自我狀況調整）

工具分類	工具細項
彩妝	隔離防曬、粉底、遮瑕、蜜粉、粉餅、眼影、眼線、睫毛膏、眉筆、染眉膏、腮紅、唇彩、修容餅、指甲油
化妝工具	化妝棉、化妝海綿、粉撲、刷具、睫毛夾、輔助夾子、雙眼皮貼、睫毛膠、假睫毛、小剪刀、調盤、調拌棒、削筆器、瀏海貼片
 髮型工具	電熱捲、電棒、玉米夾、離子夾、C型夾、分區夾、黑毛夾、U型夾、橡皮筋、吹風機、髮蠟、定型液、延長線、圓梳、S梳、尖尾梳、噴彩（黑色、咖啡）、造型用假髮片
飾品	項鍊、耳環、戒指、手鍊、皇冠、花飾、頭紗
婚紗相關及突發狀況用品	針線、別針、封箱膠帶、雙面膠、水粉

客人突然更換日期怎麼辦？

有人因為訂不到餐廳,或者長輩過世,也有的是另外一半臨時被公司外調到國外,或婚前發現彼此不適合取消結婚,甚至其他家庭因素等各種原因更換日期或取消。如果是更換日期,換到的日期是我有檔期的,我就會直接轉單,檔期直接更換,把那天留給她。若是要更換的那天已接了別的新娘,她就要自動放棄訂金,這是在簽約當下就已講好的,因為畢竟這是她個人因素造成的。

因為新娘檔期取消或更動,造成那天的檔期空下來了,積極一點的話,可以在社群網站說哪一天檔期釋出,有需要的新人可以再來詢問。按照我個人經驗,有在臉書將檔期釋出的話,會有三分之二的機率補到。如果日期太靠近,例如一、兩個月前,就比較難補到。

婚禮當天

　　新秘在婚禮當天的角色，當然主要是要幫新娘打扮得美美，有紮實的造型功力這是新秘的專業基本素養。但在現實的服務過程中，不會那麼單純的只是做完造型就好，這中間一定會有許許多多的眉角等著面對解決，如果一切過程都很順利，那就很幸運，萬一中間有什麼問題，臨場反應不夠就會很尷尬。所以有必要了解一下當天可能會有的流程狀況，也教你跟不同的人如何互動、溝通，最後皆大歡喜賺得好口碑。

新秘自我穿著形象

　　穿適合自己的衣服，看起來以舒服乾淨為主，真的不知道穿什麼就穿襯衫或洋裝都好，可以上一點淡妝，如果沒時間整理頭髮，至少綁個馬尾，甚至戴頂帽子也很好，看起來整齊又很有型。不要穿得太曝露，更不要邋遢。

點亮新娘的最佳風采

打造整體造型

　　當天新娘每套禮服怎麼呈現，搭配什麼飾品配件、髮型，在之前都已溝通好，現場基本上就會以那樣的方式呈現。通常配件我都會多帶兩、三樣，現場新娘穿起禮服、妝髮完成後，當場比比看哪個更好，就用哪一個。也就是說，雖然事先都要講好每套禮服的妝髮造型的配件，但現場還是會微調，這樣的靈活性還是要有的。

　　現場的造型順序我習慣先化妝，妝好了開始頭髮打底（上電棒、玉米鬚、電熱捲等），再梳頭。換上禮服之前，貼nubra、黏膠帶、擦水粉。穿好禮服後，才會看唇色要搭什麼顏色，還有放什麼髮飾，項鍊、耳環是要搭配華麗的還是比較素雅的，就是以現場的感覺去調整。這些順序是沒有一定的，依個人工作習慣而定。

時間上第一套造型時間會需要比較久，因為要從打底開始，化妝、梳頭加穿禮服，我會抓兩個半小時：妝髮會在兩個小時完成，穿衣服會加半個小時。有些人會說不是在新郎抵達之前三個小時開始嗎？那剩下半個小時要幹嘛？這是用來讓突發狀況有轉圜的餘地，有些新娘是新秘到了現場後才突然醒來，需要時間刷牙、洗臉、戴隱形眼鏡，可能有人才洗澡、洗頭，還要吹頭髮。當然也有可能有其他狀況，所以多預留時間，有什麼問題時可以從容面對，才不會手忙腳亂。

協助新娘展現最佳身段

婚禮當天，新人多少都會緊張，畢竟是人生大事，那天是全場注目的焦點。我會幫新娘作心理建設，會跟新娘說，每一場婚禮其實都一樣，不是只有你們這一場是這樣，所以不用太在意一切有沒有照著你的流程走，只要保持愉快的心情，就算過程有點慌亂也沒關係，結果很圓滿就好。這些話其實是很普通的話，但在新人緊張的當下，聽到這樣的話，他們真的會瞬間覺得放鬆，至少不會太緊繃。

在化妝時攝影師就已經到了，攝影師也會在旁捕捉畫面。我會提醒新娘表情自然就好，攝影師就是要捕捉比較自然的瞬間。要從新娘房出去進行儀式之前，會跟新娘說，出去的時候，慢慢走、保持微笑、看前面不要駝背。因為可能四面八方都有人會拍她，這樣拍起來才會漂亮。如果裙襬比較長，會提醒她要怎麼走才會好走，像澎裙比較不好走，可以提鋼圈，或是提前面比較不會絆倒，提著裙襬時不要露出鞋子。

拜別父母的時候，我會事先提醒新娘，如果有哭，那就把頭往前傾，讓眼淚直接滴在地上，如果她沒辦法往前傾，眼淚不小心流到整個臉的話，那我們等拜別儀式結束後，要離開上車之前，我會拿衛生紙拿給她擦，請她用壓的，妝就不會掉。

到男方那邊的新娘房，掀完頭紗、餵完甜湯的儀式結束後，才會開始幫她整理妝容，方便親友拍合照。完整的妝髮整理，會等到飯店或餐廳新娘休息室，準備要進場之前，才會做最詳細的整理。因為有時候要看她們的時間，如果都是那種很匆忙的，到新郎家的新娘房，待個十五、二十分鐘就要離開了，儀式可能就花了十五分鐘，根本沒時間補，就到飯店新娘休息室打理。

如果有時間，下午是空檔等到晚上才要請客，等儀式結束就會幫她補個妝，整理一下。儀式結束也會先幫她把頭紗拆掉，讓她比較舒服，比較好走動，反正這段時間是休息的，等到餐廳時再幫她別上頭紗。還有瀏海因為頭紗蓋下來都會壓到，或她自己撥一撥型就亂了，或者風很強吹亂，那種都會先整理，但都是等儀式結束後的空檔才有時間；在儀式進行時也沒辦法衝過去說，大家全部等我，幫她整理瀏海，一定都是等到空檔時才幫她整理。

另外會提醒伴娘怎麼照顧好新娘，因為新秘在儀式時只是在旁邊輔助的，有需要的時候才會出現，因為我們是專門幫新娘做整體造型，適時安撫新娘的情緒，順便提醒接下來的流程需要注意的事項。而伴娘是最貼身待在新娘旁邊，所以新娘有任何需要幫忙都要麻煩伴娘貼心注意，如果伴娘不懂這些細節的話，都會事先跟她們說一下。當然，語氣上都要禮貌客氣。

習俗提醒

新秘一定要知道習俗的流程，但並沒有一定要扮演提醒新娘的角色，因為媒人或其他長輩可能也會引導，有時候他們會有自己地方上的習俗，還是以新人家中的長輩意見為主。新秘就是需要的時候稍微提醒一下，通常會在梳畫的時候，簡單說明大致流程會是怎麼樣，然後有經驗的攝影師也會講，因為他們需要捕捉那些流程的畫面。

在進行每個儀式之前，大家可能都在客廳忙，新秘陪新娘在房間等時，我都會跟新娘說一下她這一趟出去要怎麼做。像進行訂婚奉茶儀式時，通常會跟新娘講，等一下會有好命婆（媒人）來牽出去，當媒人介紹男方的親友時，假如是叔叔，就要拿杯子說叔叔請喝茶，諸如此類的；大家茶杯都拿完以後，就回來房間稍微休息五分鐘，他們的茶喝得差不多放好紅包後，好命婆（媒人）再牽新娘出去，把茶杯收回來，剛才怎麼稱呼就怎麼跟人家說謝謝。

在迎娶之前我會提醒新娘家的人把新娘要上禮車的東西，全部準備好放在一個區域；等闖關完的時候，提醒伴郎先把東西全部上車。進新郎那邊的新娘房時，提醒大家新床不能坐不能碰，除非是滾床的或是舅子要來探房祝福時，需要壓床的四個角，只有在這種情況下才能碰床。

你可能會認為這些事情應該新人的家人親友都會打理、提醒，照理是沒錯，但在婚禮的當天，大家都很忙、人又多，在忙亂當中很多事情可能就會漏掉忘記。新秘真正的職責是在造型，其他事情不一定要插手，但就是當下真的有需要的時候，適時的幫忙跟提醒，可以安定新娘的心，當然分寸拿捏是要注意的，也不要太超過。

與新娘互動的口條素養

　　在服務新人的時候，雖然個人手藝是非常重要的，但這過程中你也不可能一直不講話，這樣也太奇怪了。只要有跟人互動，尤其是跟你服務的客人互動時，語言上的素養就顯得更重要了，因為他們不是你熟悉的家人、朋友，所以在交流的過程中，必須要多留意一些細節，避免不得體講錯話。

　　跟客人聊天互動的時候，可以自然不能隨性，更不要問一些不得體的問題，如果有人的口頭禪有髒話，這時要特別注意不要脫口而出。還有例如雙方父母已經分開了，沒有住在一起，一看就知道父母關係沒有很好，相關話題就要避開。

　　通常在簽約之前溝通細節時，或者在簽約後也會溝通造型等細節時，在聊天當中，我也會特別觀察客人的個性是屬於哪一種，是講話很規矩型的，還是活潑型或者是很溫和型的。如果是那種嚴肅規矩的人，就不要開玩笑，完全公事公辦，就公事上有什麼講什麼，不要涉獵私人相關問題。當然無論碰到哪一種個性的人，講話都要把握一定的分寸禮貌與尊重，就算對方是很活潑開得起玩笑，也不要隨意開太私人的玩笑，因為畢竟你也不知道對方底線在哪，萬一踩到地雷就很尷尬了。

　　婚禮當天到客人家，我會先跟幫我開門的人說：「早安，恭喜！」盡量給人家第一印象是很有禮貌、懂禮數。而看到新娘時，通常會先比較禮貌制式的噓寒問暖一下，例如：「有睡飽嗎？」、「幾點起床？」、「早餐吃了沒？」等諸如此類的，透過這樣的對話，可以看看新娘的狀態反應如何，如果剛起床精神還沒完全好，我就會說：「頭髮先幫妳打底，

妳先閉目休息一下回個神，然後我再畫妝，畫完妝再開始梳頭。」這樣一方面先讓她休息一下，一方面也讓她知道我的流程順序。

通常在接洽的過程中，會知道有些客人很活潑熱情，都會主動跟她互動，不會讓她問我問題才回答，就是很自然的互動聊天。這也是安撫客人的一種方式，可以讓她放鬆心情。這類的客人，在婚禮前的溝通往來時就已經比較頻繁了，熟悉度會比較高，在婚禮當天通常也都會聊得比較開。

如果碰到不太愛講話的客人，就是基本的打招呼、尊重，也不用太刻意去互動，就認真做造型。但會跟她說一下等一下會有哪些動作，也會提醒她，在梳頭的過程中，如果覺得太大力，或者哪個夾子會痛，要說一聲：當然都會先幫新娘注意，但有些人比較敏感，可能某幾根會痛，講一下就會微調。

化妝的部分，有些客人平常沒有化妝，眼周會特別敏感，有時會稍微覺得比較刺激、想落淚，就先停一下舒緩後再繼續。

與親友互動的眉角

　　結婚當天會有很多親友進進出出，我的習慣是只要跟新娘比較貼身的親友，都在我的互動範圍之內，看他們有沒有需要拍照什麼的，有空的時候就稍微聊天一下。

　　通常需要幫忙的是伴娘穿禮服的時候不會穿nubra，就在幫她貼、穿的過程中，稍微聊天一下，有些比較活潑的人會驚呼：「原來nubra是這樣貼哦，難怪模特兒跟女星明穿禮服時的胸部特別挺……」，透過這樣很自然不做作的互動，客人會對你產生信任，會特別喜歡你。有時伴娘很多位，都要幫忙用的話可能沒那麼多時間，當然有時間的話就盡量幫忙；萬一新郎都要來了還搞不定的話，我就會幫其中一個人貼，示範給她們看，其他的就叫她們互相幫忙或自己用。

　　我通常會在婚禮前一個月跟新娘確認最後需要梳畫的人數，還有哪幾個人是需要額外加的？會評估是不是需要帶助理，還是要提早去？如果沒有事先說人數，現場才加要看到時有沒有時間，沒時間就沒辦法，有時間才會加。因為新娘事先跟我講幾個人，預留的化妝時間就是剛剛好畫完那些親友。

　　有時會碰到有些親友突然過來問，可不可以幫她畫一下眉毛之類的……我會說，看看有沒有其他的親友會畫，我要先幫新娘用好，可能沒時間幫忙，就用這種方式婉拒。有時會問新娘，她們是在預約人數裡面嗎？如果不是，要幫她畫嗎？要畫的話，到時費用就跟尾款一起收。這個問題就交給新娘斟酌決定，如果她有預算，就會說幫忙畫沒關係。

　　有些親友會化妝，但沒帶工具會來跟我們借。如果沒有馬上要用

到，我就會先借她，但會要求在我旁邊使用，不能離開我的視線，不然很有可能東西借了卻回不來了。

　　雖然很多事情看起來似乎都是小事情，有人心裡可能會想說，幹嘛這麼小氣？這不是小不小氣的問題，是要建立起自己的原則，如果那件事情不在自己的責任範圍，適時的拒絕別人是很必要的。來者不拒的話，除了會讓自己疲於奔命不說，可能還會影響到正事的完成度，因為你的時間就是那麼多。

臨場反應

　　雖然婚禮流程可能大部分的人都大同小異，但每次服務的新人是不同的，狀況可能也都會不一樣，當然隨著服務的次數越多，臨場反應就會越來越好。有時發生的狀況不一定跟新秘有關，但既然也在現場，有想到解決的方式，可以當作舉手之勞，幫忙解決問題一下。

　　以新秘本身來講，最常遇到的突發狀況是禮服大小尺寸不合，所以新秘箱裡面會準備針線工具以防萬一。通常都是太鬆，這個還好解決，就拿別針別，用針線縫。太小的就是拉鍊拉不起來，就大家幫忙把後面的布料拉在一起，然後拉上來；實在不行就是剪開車縫的地方，用針線重新縫大一點。

　　為了預防這種萬一，一定要提醒新娘，在前一晚去婚紗公司拿禮服時，務必要試穿後再拿走，當下尺寸有不合的需要修改，馬上請婚紗公司修改好再拿走。

　　曾經遇過在晚宴的時候，新郎新娘四、五點已經先到餐廳，確認佈置的時候發現放大框（收禮旁的新人大照片）還在婚紗公司沒有拿。新娘就非常生氣的一直罵新郎，怪前一天去拿禮服時怎麼會沒拿放大框，新郎也跟著很緊張。這時當事人會慌張沒有主意是很正常的。

　　第一時間我先問他們婚紗公司在哪裡？安撫他們不要緊張，打電話到婚紗公司跟他們說放大框沒拿到，請計程車送來這個餐廳；如果是很近的，也可以請親友趕快去拿。這時新郎是絕對不能離開現場，萬一塞在路上回不來怎麼辦。

　　也有碰過新娘新郎本來想要很簡單就可以，但親友很愛控制流程，

要求新娘新郎一定要做什麼，有時新人也會覺得蠻煩的……我會跟他們說，如果真的被要求什麼，就笑笑著配合，就是這樣，不要想太多，因為這只是流程一下子就過去了，過了就算了，如果要硬碰硬就更尷尬。

曾經有新娘的親友要求新人拜別父母時，一定要每講一句話都要磕頭。這時女方的父母當然會覺得很心疼，會講沒關係，意思到就好，但親友就一定要新人做到。

既然父母長輩都說不用了，這時我就會跳出來說：「沒關係，剛剛有磕過意思到就好，我們現在繼續講一下感謝父母的話。」被我打斷可能親友會不爽，但沒關係因為我是服務人員，以後不會每天跟這些親友見面，不會有什麼尷尬。

有聽朋友講過一場很扯的突發狀況，新郎的親友想給新娘下馬威，正當大家看完很感動的成長影片後，沒想到下一個影片是親友團罵新娘有公主病，希望結婚以後把大小姐脾氣改一改。新娘當場淚崩跑出宴會場，在新娘休息室裡大哭，說不想結婚了。新娘新郎只知道親友有影片要放，但不知道內容，看到影片也超傻眼的老公趕快衝了進來，一直安慰新娘，叫她不要理那些人。

新秘這時就跟新娘說：「妳要想清楚，跟妳老公真的沒有問題的話，這些親友也不是每天要見面的，就不要理他們，現在就把眼淚收拾好，幫妳好好補妝後再出去；如果真的覺得跟妳老公也合不來，那就走不要結……」後來還是完成了喜宴，親友事後當然也覺得這件事是不應該的，做得太超過了。

像上面這樣高EQ的敏捷應對，都是長久的經驗累積。新手一開始比較不熟練，不要有挫折感，多練習、多觀察別人的應對，久了就會了。

拍攝照片記錄及PO網

拍照記錄PO網，一方面是累積作品集，另一方面也記錄一下工作內容，等於也幫自己行銷，讓別人知道你做的造型是怎麼樣的，也讓別人知道你有一直在接案，當別人看你的作品次數看多了，就會容易對你產生信任感，有需要的時候，就會自然想到你。

會拍新娘每一套造型的正面、側面、髮型，還有新郎新娘的合照。當下忙完找到空檔會先發個人臉書，粉絲頁會等全部造型都完成後，工作結束總整理後才會發，個人部落格跟官網也是後續整理完再放上去。在不同的平台放上自己的作品，也是讓陌生人比較容易搜尋到你。

文字技巧方面，在開頭的地方會先形容新娘是走什麼樣的風格，用什麼元素搭配，接著會寫新娘有什麼特色，哪裡特別美，就是很自然真誠的讚美，不用寫太多太浮誇；當然，也要感謝客人選擇我幫她服務。

現在比較有資歷了，很多服務的對象是之前服務過的新娘介紹的，或者他們家的兄弟姐妹都是我服務的，發文就會特別感謝他們的信任與推薦，這樣我才有機會服務到當天的新人。順便也讓別人知道，有些案子的來源就是靠口碑介紹，代表技術是被肯定的，人家才敢推薦，會特別有成就感。像之前有個服務的新娘，一個伴娘是妹妹、一個是好朋友，後來她們在同一天要結婚，兩個人都很想找我當新秘，但妹妹的時間比較晚出來，沒辦法幫她服務，她覺得很可惜沒有約到我的檔期，碰到這種情形真的會特別感動。

建議新手或是不太會拍照的人，就是多拍幾張再選，一定會挑到可以的。有人左臉或右臉好看，就是拍一張正面，拍一張左臉、拍一張右

臉，看一下哪一面比較漂亮，就專攻那一面一直幫她拍。

　　如果拍攝現場光線不足，不妨帶個手機的LED燈，可以夾在手機上補光；或是另外一個人的手機有手電筒的，也可以拿來補光。如果太暗，造型弄再好，拍出來的照片也會不好看。我會習慣讓新娘坐在靠窗的地方，窗光投在新娘的臉上，拍的時候特別漂亮。

與攝影師的配合

新秘跟攝影師通常會有個默契，就是攝影師在拍攝的時候，以盡量不擋他的鏡頭為主，除非是在補妝、整理造型。所以新秘也要了解，攝影師通常會需要哪些畫面，這樣才不會一直進入不該進入的畫面。新手新秘，最好在還沒有正式上線之前，多跟一些同行或老師到現場實習，從頭到尾訂婚跟結婚的流程多跟幾場，觀察攝影師在什麼時候會拍照，他會拍哪些畫面，看過幾場就會了解了。

什麼樣的情況是絕對不能進入畫面？就是儀式在進行時，攝影師要拍的是新郎新娘的互動，甚至跟父母的一些互動，這時如果你突然出現，攝影師會不高興，不但會打斷新人跟父母長輩還在蘊釀中的情緒，攝影師整理照片時也會很難整理。

這時就算你覺得新娘的造型需要整理一下，也要暫時忍住，等儀式結束的空檔再幫新娘整理。就算過程中，新娘大哭了，也不要衝進去拿衛生紙給她，會破壞攝影師捕捉新娘情緒的過程。

在幫新娘做造型時，攝影師大部分時候也會抓拍，這個時候新秘不用刻意躲開，就繼續自己該進行的工作，攝影師自己會找適合的角度幫新娘拍美美的畫面。如果我們完妝了，但攝影師比較晚來，但他可能想拍一些畫面，例如塗口紅的畫面，或塗腮紅的畫面等。

只要時間允許，我會願意做動作讓他拍，但如果時間已經很趕了，他想要拍的話，我會拒絕他，因為我還有後續造型要進行，要趕快用好，不然新郎要來了。

　　攝影師會有交照片的壓力，有些攝影師在跟新人溝通的過程，已經講好每一套造型都要拍到。有經驗的攝影師會先跟新秘說一下，等一下每套造型會需要帶新娘去旁邊拍攝五分鐘，拍完再讓新娘回來換下一套造型。如果當天攝影師是單機出來，沒有帶助理，在他拍攝的時候，我有空的話會在旁邊幫忙順一下裙襬，讓他拍起來比較好看、更有效率。

　　婚禮當天時間都很緊湊，也沒有什麼時間跟攝影師講話培養默契，但他又是跟你關係最緊密的服務人員，所以配合默契是很重要的，也許你不會了解當天攝影師個人的拍攝習慣，但事前至少也要了解一下，婚禮攝影師大概都會拍些什麼畫面，先做功課讓彼此的工作都能很順利的進行。

時間掌控

婚禮當天時間其實非常緊湊，因為新人的每個儀式流程都有他們需要配合的吉時，為了不耽誤他們的時間，新秘也需要流暢的掌控時間與流程。當然，這些也是需要經過實際經驗的累積，才會越來越上手。

在婚禮前會跟客人要一下流程表，新人沒有給的話，通常也要知道儀式、迎娶、到餐廳彩排的時間。在宴客那段時間，我會跟餐廳說給我們十五到二十分鐘的時間換裝，換禮服、換髮型、整理妝容。妝容通常都是依禮服去調整腮紅跟唇彩，然後再看看有沒有出油，用面紙壓壓油再補妝，但是整體妝不會變，只是腮紅跟唇彩有變，因為十五到二十分鐘其實很趕，沒有辦法細細去做很多的變化。有些新娘一進來還要去廁所，或者有時攝影師會帶去拍照，時間就會更少了。但親友不會知道時間不多，只會覺得換造型怎麼那麼慢，所以要自己控管好時間。

當新娘從宴會廳出來時，如果要被攝影師抓去拍照，你就要注意一下時間，如果拍太久就要提醒攝影師新娘要換造型了。如果因為其他事情耽誤，只剩十分鐘的話，禮服穿好，我就會先幫她換頭髮，頭髮都好了再來補妝，通常補妝都是最後。

新娘出去後，先想好下一套造型要怎麼變，頭髮要怎麼拆，全部都要想好：該用到的東西都要拿出來擺好放在桌上，像飾品、假髮、電棒燙都要先準備好。等一下新娘一進來就要馬上換禮服，然後趕快變換髮型，全部用好補個妝。有遇過菸癮超大的新娘，每換一套禮服前都一定要抽菸，因為時間很趕，在她抽菸的時候，就先幫她拆頭髮，拆完頭髮她的菸也抽好了，就直接穿禮服、梳頭、補妝。就是會遇到類似這樣的狀況，新秘當下要隨機應

變，如果只是在旁邊傻等，不知應變的話，時間就真的會來不及。

新手新秘，在婚禮前跟新娘討論好每一套的造型後，要在家拿假人頭練熟，只有瀏海去現場微調，其他後面的那些髮型，要熟練到一顆頭五到十分鐘就要梳好。出去外面就是時間內要完成，不能說因為你不熟練，全部的人因為你的造型來不及而延遲，這樣就不行。

萬一新人事先傳給你的禮服後面是交叉綁帶的，請她提早進來，通常二十分鐘的話，就請她預留三十分鐘換造型，雖然有些沒辦法給三十分鐘，讓新娘提早一道菜或二道菜進來，有多的時間就趕快換。

婚禮當天的收尾

　　新娘每一套造型結束，換下禮服後，在新娘出去後的空檔，我就會先把每一套禮服收回禮服袋裡，並清點數量；當天有用到的東西再裝回去，放回原位，例如頭紗、婚紗公司附的手套、婚紗公司的飾品等，有拿出來的話都會幫她檢查，然後放回禮服袋收好。把東西都收好後，還會再提醒新娘要把東西再清點清楚。

　　客人通常不會收禮服，所以會幫忙收。如果沒有跟全程，沒辦法幫忙收最後一套的話，我會教她的伴娘或親友怎麼收，我會請他們用錄影的方式，錄下我示範收的過程，到時就可以照著影片裡的步驟去收。

在新娘換好最後送客造型的時候，我就會開始收拾我帶來的大部分東西，用不到的就會收起來。等她送客完進來，把飾品、禮服、造型什麼都拆掉後，東西才會全部收進我的行李箱。

在新娘送客結束後，幫她拆頭髮的時候會問她，等一下頭髮要綁馬尾還是放下來，還是綁丸子頭，看她想要梳成什麼樣的頭髮，就幫她梳。順便提醒她，nubra回去就用清水沖過然後陰乾，乾了以後再放進盒子收好，不要用清潔劑，不然會變不黏。

嚴格講起來，新秘的工作也是一種藝術創作，在整個過程中，並沒有硬性規定你要怎麼做，你該做哪些事，除了造型以外的這些小細節，也可以選擇不做、不注意。但既然是服務人的工作，這些小細節還是會被拿來檢視夠不夠貼心，因為是貼身在新娘身邊，你的一舉一動她肯定也都會感受到、看在眼裡。如果，你是很在乎案源多不多的人，想要有更好的口碑，這些細節還是要多下功夫。

貼心小提醒

※收禮服的小秘訣

把禮服翻到背面，再捲好收起來，這樣才能避免禮服上珠珠、亮片互相勾到而損壞。

※婚禮過後跟顧客保持聯繫

因為跟客人都會互加臉書跟Line，如果他們有發文，通常都會在下面留言，保持像朋友一樣的互動，客人通常看到這樣也會很開心。碰到過年、過節、生日，傳個溫馨的祝福。

PART

不藏私教學分享

彩妝分解步驟
髮型分解步驟
整體造型Demi老師作品賞析

彩妝分解步驟

　　彩妝教學部分，以主流風格韓系、日系、歐美這三大類為主，以下每一類將一一分解教學。韓系底妝強調清透偏白光澤肌，微粗平眉跟咬唇效果，唇色會比日系的鮮艷。日系的偏霧面妝感，強調柔美氣質，強調睫毛，沒有明顯的修容、打亮，眉型也走自然式的，唇色為粉色自然澤潤，整體妝感精緻。而歐美的妝感強調個性與氣勢，深邃的眼妝、飽滿的唇峰以及高挑的眉峰，使整體散發出銳利的光芒。

韓系彩妝──光澤透亮清新耐看

　　如果有近身跟韓妞接觸過，一定會對她們透亮潤澤的妝感留下深刻的印象，沒錯，韓系彩妝就是以水潤光滑、自然透通的魅力而聞名。妝容訴求以重點式的畫法為主，著重在眉、眼、唇以突顯五官，妝感乾淨又有記憶點。最明顯的特色是以平眉為主，特別能展現女性的柔美，加上亮粉顆粒大但不過度飽和的眼影，還有咬唇效果的唇彩，帶出黃金三角的亮眼感，再加上自然恰到好處的眼妝，整體給人清新又耐看。

特色分析

粉底：水潤光澤感
眼影：亮粉顆粒大，顏色不過度飽和
上睫毛：眼尾加長自然款
下睫毛：用睫毛膏刷的自然睫毛
眉毛：眉色較淺平眉為主
腮紅：橘色系畫在笑肌處
打亮：眉骨、眼頭ㄑ字區、眼下三角區、T字區、人中、下巴處
唇彩：水潤或霧面唇彩畫成咬唇效果

1 眉型以平眉同度為主。

2 沾取橘金色眼影畫在眼窩位置。

3 再沾取深咖啡色畫在雙眼皮摺內。

4 沾取金色系亮粉，畫在瞳孔正中間處。

5 利用眼影棒沾取粉膚色眼影畫在臥蠶處。

6 在下眼尾三分之一處畫上深咖啡色眼影。

7 使用眼膠筆畫內外眼線。

8 黏上適合眼長的假睫毛。

9 刷上睫毛膏加強眼神。

10 刷上腮紅在笑肌位置。

11 最後打亮T字區、眼下三角區、下巴處，以增加立體光澤感。

12 口紅以裸膚色打底，再拿深色口紅畫在上下唇內側，暈染出製造咬唇效果。

日系彩妝——霧面妝感氣質優雅

　　日本的化妝風格在亞洲圈一直深得女孩們的喜愛，也是最接近亞洲女生的特質。這款日系妝容從底妝到眼妝腮紅，都是比較偏霧面妝感，眼線比較自然下垂無辜，多半整體造型都是營造氣質優雅風格。明顯的粉色系腮紅與睫毛的根根分明效果是其特點，而眉毛強調自然，不會刻意改變原有的眉型，就是用眉筆順著原有的眉型畫即可。另外，唇彩則會選用自然的粉紅色系，展現自然優雅氣質。

特色分析

粉底：霧面
眼影：霧面的眼影或細緻亮粉的眼影
上睫毛：前後短中段長洋娃娃款式
下睫毛：根根分明款睫毛
眉毛：眉色較淺需染眉
腮紅：粉色、橘色系打圈畫在笑肌或眼下
打亮：眉骨、眼頭ㄑ字區、眼下三角區、下巴處
唇彩：水潤感唇膏

1 沾取膚金色眼影塗滿整個眼窩。

2 沾取深咖啡畫在雙眼皮摺內。

3 用眼影棒沾取金色系眼影，畫在下眼臥蠶處。

4 用小刷沾深咖啡眼影畫在下眼尾三分之一處。

5 選擇咖啡色眼線筆畫外眼線。

6 剪好適當的睫毛長度，將睫毛黏在睫毛根部位置。

7 剪好單根的下睫毛，順著眼型黏上。

8 用淺色眉筆畫上自然眉型即可。

9 沾取腮紅畫在笑肌位置。

10 選取適合唇色塗滿整個唇內即可。

歐美混血系彩妝——性感魅惑的美艷

　　歐美妝就是非常強調個人特質，整體妝感會有攝人心魂的強大氣場。通常用大量的打亮修容產品，飽和度偏高，用含亮片的眼影呈現整體妝容，非常強調臉型的輪廓感，以製造深邃的舞台效果，有著濃濃攝人心魂的美艷。修容、厚唇、挑高眉就是歐美妝的特色，底妝比較追求健康，底妝都會與膚色相近，注重修容讓五官更立體；塗含亮片的眼影，強調褶皺深度；唇妝則是偏向搶眼性感，所以會用高飽和霧面唇彩強調唇峰。

特色分析

粉底：霧面
眼影：眼影飽和度高、亮粉顆粒大的高彩度眼影
上睫毛：眼尾加長交叉濃密款
下睫毛：濃密款下睫毛
眉毛：眉色較深角度眉
腮紅：裸橘咖啡色系與修容融合往太陽穴斜刷
打亮：眉骨、眼頭ㄑ字區、眼下三角區、T字區、C字區、唇峰、下巴處
唇彩：高飽和霧面唇彩強調唇峰

1 刷子沾取霧面淺咖啡色眼影，畫出眼窩輪廓。

2 沾取深咖啡色眼影加強前後各三分之一位置。

3 在瞳孔正中間畫上金色系亮粉。

4 利用小刷沾取深咖啡色眼影畫在下眼睫毛根部處，強調眼神。

5 眼頭ㄑ字區畫上金色眼影。

6 利用眼線液畫出眼尾上仰的眼線。

7 選擇眼尾加長款睫尾，加強深邃感。

8 黏上分段式下睫毛，讓上下睫毛更有混血感。

9 畫上比較有角度的上仰尾型。

10 腮紅可選擇偏橘咖色往太陽穴位置斜刷。

11 用最大隻的修容刷沾取深咖啡色，做大面積修容，製造明顯立體感。

12 選擇高飽合的霧面唇彩塗滿整個唇型，強調唇峰。

髮型分解步驟

　　髮型教學部分，跟彩妝一樣以主流風格韓系、日系、歐美這三大類為主。對新娘來說髮型絕對是非常重要的之一，萬一髮型不對，很容易造成過度老氣的現象。而這三款髮型對大部分人來說都蠻好駕馭。韓系這款強調自然髮質、簡單乾淨，操作上也不難；日系這款走森林系，需編髮抽絲營造空氣感，再搭配較輕柔的飾品；歐美以自然的編髮方式展現，搭配不規則抽絲散髮，再點綴一些飾品即可。

韓系髮型——簡單優雅

因為韓流的影響，連在新娘造型上也造成許多人選擇以韓風新娘造型為主。韓系新娘造型講求簡單優雅，就像這款經典髮型一樣，自然的放下來，沒有華麗的飾品戴在頭上，以簡單的髮飾裝飾，自然而不失優雅浪漫。

特色分析

1.髮打底可以選擇22吋或25吋電棒上捲或是離子夾弓型捲
2.簡單乾淨的分區搭配編髮或單股扭轉
3.強調髮質感不抽絲
4.再搭配比較素雅飾品（例如：鑽飾、小冠、紗花）

1 將頭髮分成五區，將最後一
區，利用橡皮筋固定在後頸
點。

2 將頭頂區的髮放下分成兩束
固定在後頸點、橡皮筋處。

3 右方側髮區利用單股扭轉方
式向後頸點處，利用黑毛夾
固定。

4 左方側髮區，同上一個步
驟。

5 後頸點處取一小撮頭髮，繞
著橡皮筋處覆蓋固定即可。

6 前瀏海區以修飾臉型方式，
後往順收即可完成。

日系髮型——唯美浪漫

　　日系森林系的新娘髮型，自然的蓬鬆營造空氣感，有一種減齡的效果，所以也是很受新娘們歡迎。此款髮型抽絲的低髻盤髮，加上日系髮型的蓬鬆線條，最後以不凋花飾點綴，唯美浪漫的風格，盡顯花嫁的幸福喜悅。

特色分析

1. 髮打底可以選擇19吋電棒上捲
2. 編髮要抽絲營造空氣感線條
3. 瀏海區也要有空氣感抽絲
4. 抽一些不經意的髮絲線條營造森林感
5. 再搭配比較輕柔飾品（例如：雪紡、紗、花飾、蝴蝶結）

1 取頭頂區髮束利用抽絲方式
固定在黃金點。

2 再拉兩側耳前側髮區髮束固
定在黃金點下方拉緊。

3 再把髮束髮尾處繞入橡皮筋
上的洞拉出。

4 再利用指甲抽絲與黃金區髮
膨度銜接。

5 後頸區全部髮束利用三股編
方式編到髮尾處，再用橡皮
筋固定。

6 利用抽絲方式將三股編髮成
立體髮束。

7 再往上扭轉與上方髮束銜接
固定，且在下方抽出幾條髮
絲讓髮型增加自然感。

8 最後搭配不凋花飾點綴即可
完成日系森林系髮型。

歐美混血髮型──自然大氣

比起韓系跟日系的新娘髮型，歐美的髮型相對來說會比較少人選擇，畢竟亞洲人的五官跟歐美人還是不一樣的，但還是會有人喜歡，所以在此教學中也把歐美的放上來。而且這款髮型大氣自然，也很適合亞洲人，自然的編髮方式，搭配不規則抽絲散髮，再加上適合新娘本身的飾品，對亞洲人來說也是非常貼合的。

特色分析

1.髮打底可以選擇25吋32吋電棒上捲自然微捲
2.不刻意的分區方式搭配2股編或3股編
3.自然的編髮方式不收緊，搭配不規則抽絲散髮
4.再搭配比較點綴飾的飾品（例如：鑽飾、紗網髮帶）

1 取右側髮區耳前的髮束，利用兩股編，往後腦點固定。

2 左側耳前髮束步驟同上。

3 把最後後頸區頭髮，利用橡皮筋固定成水滴型，再把髮中央分一半繞髮尾髮束兩到三圈後拉出。

4 再利用指甲抽絲方式，增加髮立體感與線條感。

5 最後再選擇點綴式的頭飾，增加髮型亮點。

6 前面瀏海區再用指甲抽絲方式，拉出一些自然且不做作的髮絲感，即可完成。

整體造型Demi老師作品賞析

　　本單元以Demi老師過去實際工作累積的新娘作品與商業彩妝作品，拿其中不同的風格來解說，分享當下創作靈感依據，說明為何幫客戶打造這樣的造型。希望讀者可以從中學習如何靈活創作的精髓，畢竟彩妝創作這塊是為人服務的，同樣風格的彩妝，用在不同的人身上，還是需要依據個人特色作調整。這樣的作品賞析，以幫助讀者在實際執行時知道如何作機動性的變化。我想，靈活也是作為一個造型師應該具備的條件。

新娘造型賞析

　　Demi老師精選多款不同風格的新娘妝來解說，有甜美浪漫的日系大眼、法式優雅、自然清新、貴族氣息、高雅華麗、森林空靈⋯⋯，帶你走進多元的新娘秘密花園，傳授你產生美麗造型的秘訣，引領走進更開闊的新娘造型世界。希望這樣的賞析，能夠激發出你不同的創作能量，能遊刃有餘的應付不同的新娘需求。

甜美浪漫

女主角本身跟攝影師說喜歡甜美浪漫的風格，所以設定要拍攝花牆的棚景。妝容上也幫她畫得比較日系大眼風；髮型搭配日本比較流行的森林系造型，刻意抓出髮絲，營造出不經意的唯美感。

法式優雅

當初看到女主角穿上這套禮服的時候，散發出一種濃濃的法式氣息。所以造型上就自然往法式風格去找靈感，妝容與飾品的搭配都要恰到好處是這風格的重點。妝容上設定以氣質優雅呈現；其頭飾是重點，搭配網紗以及與衣服呼應的蕾絲頭飾混搭。而整體造型搭配帶有建築感的場景，讓整個氛圍更濃烈，更能展現出法式優雅風情。

自然清新

這套因為是設定在戶外的大草地拍攝,因此新娘禮服也是挑選比較自然的美式。造型上也故意設計偏美式的放髮自然造型,只搭配一個小飾品點綴,沒有過多的裝飾,讓新娘置身在大自然的清新裡,有不做作又簡單的美感,這類造型風格十年後再看還是一樣耐看!

貴族氣息

第一次看到這組新人的當下，我覺得他們散發出濃濃的貴族氣息！搭配攝影師挑選的氣勢強大的建築場景，新娘整體造型部分我就以氣勢的盤髮搭配比較華麗的頭飾來突顯貴族氛圍。新郎的部分就以油頭的方向來設計，使整體造型更顯得有點英國皇室的貴族感。

高雅華麗

看到新娘挑選的這套金色婚紗時，第一時間馬上想到的是搭配高雅華麗的經典造型最適合不過了。於是幫她梳盤髮再搭配一個圓形皇冠，讓她整體造型更立體有層次。當然攝影師的拍攝構圖以及美感搭配也是相當重要的，像這張照片以這樣的拍攝方式讓新人成功融合了場地，效果更加分！

森林空靈

自然不做作的森林系，搭配上乾淨透亮的妝容，把人的自然氣息襯托得非常氣質，簡單卻很耐看。戶外婚紗髮型是今年（2018）非常流行的髮絲風格，編髮搭配充滿蓬鬆空氣感的抽絲，最適合搭配些許的不凋花，帶一點的浪漫夢幻，就是百看不膩的自然清新的森林風格。

橘金韓流

流行的橘色系妝容跟空氣瀏海，被駕馭得很好，找到客人適合的風格，就可以美得不要不要的。因為禮服本身是非常優雅的，所以妝容上就設計搭配韓系的橘金色系，溫暖的氛圍裡又帶點個性；而唇彩則是裸橘色系，更可以襯托出皮膚的白皙。而空氣瀏海很適合她，更能突顯顏值，讓整體更顯氣質與時尚感。

磅礴大器

別樣的黑色禮服，帶來磅礴氣勢，但是如果妝容上沒有用好，很容易顯老氣。一般拍攝婚紗時，只要是搭配深色禮服，妝容上自然會走比較豔麗一些。所以除了眼線上特意加強外，唇彩也使用了紅色系咬唇妝，帶點小女人的嬌嗔感，使整體造型上更顯年輕又不失大器。

性感美好

不需要太多的裝飾，性感就可以從內散發。露肩蕾絲禮服，非常的吸人眼球，在妝容上就不走艷麗風。特別搭配薄透的光澤底妝，以及大地色系的眼妝，襯上橘裸色打底加上桃粉色咬唇的混合唇彩，把原本立體的五官自然帶出就很美。自然放下的大波浪髮型，讓整體造型性感中帶著些許浪漫。

華麗氣勢

婚紗造型也可以很多樣化，跳脫那些浪漫唯美，帶來耳目一新的視覺新
洗禮。這套禮服非常華麗有個性，眼妝上特意用了金色調搭配，帶出眼
神的大器氣勢；髮型上特別以時髦油頭搭配看似隨意披散的髮絲、俐落
而個性，再用金箔點綴呈現出時尚華麗感。

商業造型賞析

　　作為造型師，除了在重要的日子服務新娘外，有機會的話也可以接觸商業彩妝，對於現實的收入、手藝訓練、人脈建立都有許多的助益，所以Demi老師在這塊也深耕多時。從Demi老師提供的商業作品可以明顯看出來，商業彩妝造型比新娘造型更大膽活潑，個人特色分明、五官特色非常突出。雖然說商業彩妝風格由廠商決定，但跟新娘妝比起來相對發揮的空間更大。

俏皮活潑

這張造型的重點在妝感部分，因為本身服裝比較簡約，所以眼妝部分搭配了
比較俏皮的桃紅色，再配合油光澤感來做整體重點；髮型部分就以簡單的馬
尾，再搭配一點自然的散髮，讓髮型不會搶過妝感，而蓋過妝感的鋒芒。

北國風情

這個妝感主題是冬天，應該從妝容上就不難發現，眼下的珍珠就是想要
呈現下雪時凝結的冰霜，眉毛與頭髮上也都有利用白色染髮膠，刻意營
造出下雪的感覺。是不是有一種北國冬日的感覺？

神秘嬌娃

這組照片的妝髮設計靈感是源自於這套服裝，黑色蕾絲往往給人家一種神秘的感覺，所以妝感上就以復古華麗的方向來呈現；臉上的網紗是為了呼應身上的透膚蕾絲，更顯神秘感；髮型上以瀏海區的線條，以及頭頂處抽絲方式來呼應這套服裝的神秘感設計。

浪漫花仙子

這個造型的主題是「花仙子」。妝容上以桃粉色搭配橘色調的眼影去做大面積的暈染，以調強這個妝感的氛圍；髮型上則是以編髮搭配抽絲的手法結合大量的花飾，讓整體多了些許的空靈感，製造出有別以往的甜美浪漫風格，反而讓視覺上更顯衝突美感。

紅黑氣勢

紅跟黑常常都是一體的，這個造型的主要發想是這個頭飾。在做造型的時候，常常要記住一個原則，就是你希望看到這作品的人，第一眼會先看哪裡！像這個作品就是要引導大家注意頭飾，所以服裝跟妝容上都盡量簡約，不要搶過主角，這樣一來才能把主體視覺成功營造出來，而妝容只是讓整體氛圍更有重點。

春日精靈

春日氣息滿溢，花香味彷彿就在鼻息間。這款造型的構思是來自於春天來了，春暖花開，充滿了花漾浪漫，特別適合用粉色系的彩妝營造出春天的粉嫩柔美；寒冷的冬天過了，溫暖的大地下開出美麗的花朵，在蘭花的點綴下人，給予整體造型更多的層次感，如花仙子降落人間。

冬季魅惑

高冷神秘，冬季魅惑！冬天給人就是比較冷酷、神秘，妝容上就以金色系與黑色來畫，神秘的金色，能提升眼妝的光澤與搶眼，但是一不小心就會讓眼妝看起來浮腫，但搭配加重黑色眼線，就沒有這個疑慮，反而增添了眼神的深邃與層次感，整個人氣勢也被帶出來了。帶著高冷的妝容，走過冬日的街頭，時尚與氣場都擁有了。

個性震懾

孕媽咪也可以很性感，當了媽媽一樣可以美得令人震懾！孕婦寫真提醒女生，即使懷孕裝扮也有很多的可能，永遠都要美美的！這對爸媽本身就是非常有型、有個性，所以很適合時尚雜誌的拍攝風格，在妝髮上下手比較重，無論是眼妝還是唇色，都非常的強烈突顯個人風格，引出媽咪本身外顯的個性，尤期媽咪的眼神是不是很有氣勢。

少女綺想

媽咪的少女心永不落幕！這位孕媽咪本身從事藝術視覺相關的工作，對於造型接受度也就比較廣，所以跟攝影師討論希望能跟花合照又有疊影的效果。為了配合這樣的構想，造型方面也要以花朵盛開的浪漫為構想，所以以放髮的方式呈現，搭配比較浪漫的蕾絲垂墜頭飾，呈現出這如花綻放的感覺，整體造型與畫面更顯協調。

永恆呵護

陪著你溫柔成長！對我來說，懷孕的媽咪是女人一生中除了結婚當天最美的時期，這種美是發自內心由內而外散發出來的！記錄下懷胎與寶寶緊緊相依的時刻，造型上以溫馨為出發點，自然的妝容、淺色系的服裝讓媽媽的溫柔很走心，小心地呵護著肚子裡的小寶貝，喜悅迎接新生命。

附　錄

新娘秘書工作流程總覽
新娘秘書周邊資源總覽
熱門的海外婚紗分享

新娘秘書工作流程總覽

（並非絕對，請依當下情況調整）

1 創作作品

2 在網路上建立你的作品集

3 曝光宣傳

4 接案（電話或通訊軟體）

8 前一天提醒新娘注意事項

7 造型討論（在此之前提醒新娘收集好參考圖片）

6 婚前保養提醒

5 預約試妝／下訂檔期

9 準備好隔天婚禮需要的工具

10 婚禮當天，貼心、機靈協助新娘完成最美的旅程

11 拍照上傳社群網站，感謝新娘的信任

12 婚禮後再一次互動分享

新娘秘書周邊資源總覽

（這是老師個人使用習慣，可依照自我情況調整）

品項	資訊傳送門
彩妝	Make up Forever / mac / etude house / laura mercier / lunasol / bobbi Brown / Shu uemura / Three / 3ce / NYX / Nars / Ysl / Addiction / jill Stuart / Giorgio Armani
化妝工具	白鳳堂 / bobbi Brown / 貳化不說
髮型工具	美如夢 / fodia富麗雅 / Glam Palm / Akitz Keratiner
飾品	葳妮飾品 / 禧飾 / 庫愛 / 淘寶 / 魅麗飾品 / 傑昇飾品
專業素養吸收管道	美拍 / Pinterest / Instagram
同行社團	FB妝髮技巧分享團 / FB整體造型分享教學園地
婚顧公司	永恆婚禮顧問 / 樂芙婚禮顧問
禮服公司	小櫥窗法式手工婚紗 / 蒂米琪手工婚紗 / Diosa Bridal禮服工作室 / JE wedding / Ginger Chen Wedding手工訂製禮服 / Cheri法式手工婚紗 / 御囍龍鳳掛 / 賽西亞手工婚紗

熱門的海外婚紗分享

　　隨著自助旅行的興起，加上婚紗表現方式的多元化，帶動了近年來海外婚紗的風潮，很多新人想借著海外婚紗的拍攝，順便來一次國外旅行，共同創造一次特別的浪漫回憶，透過在異國氛圍之下的互動，也可更拉近彼此的距離，提升甜蜜度。拍攝地除了熱門的日本、韓國，而近期開比較多的團有巴黎、布拉格、義大利、英國、冰島等歐洲線，因為這些地方的建築古典夢幻的異國情調，很令新人們嚮往。

請跟攝影師打好關係

　　自助婚紗主要是攝影師那邊會去行銷推廣，攝影師規劃推出方案後，會在官網、粉絲頁曝光；另外一種是客人找上，看攝影師要不要開這個團。造型費用是含在攝影師包套裡面，當攝影師在規劃這件事時，就會詢問合作的造型師檔期是否可以，在這之前已談好合作包套的收費了；之後客人會把總費用給攝影師，攝影師再把錢撥給造型師。

　　所以新秘如果有想要體驗海外工作的話，要跟攝影師打好關係，新人萬一沒有這樣的人脈，可以臉皮厚一點讓同行新秘推薦合作的攝影師。如果攝影師跟你合得來，作品客人都買單，就不用擔心資歷的問題，關鍵是作品吸不吸引人。

工具輕便實用為主

　　海外自助婚紗，工作人員通常就攝影師跟造型師兩個，頂多再加一個攝影師的助理。當然，新秘想帶助理的話也可以，但大多要自己從攝影師給你的包套費用裡面分給助理，所以要想好有沒有必要花這筆費用。

新秘的工具跟國內比會縮減很多，因為行李限三十公斤，加上通常要走很多路，東西越精簡越好，但該用到的一定要帶到。事前都先溝通好造型，確實了解客人的特質跟想要的造型，也完全了解了客人的膚色，這樣就會評估好要帶哪些東西。例如粉底會帶萬用的，大眾都可以接受的，只要新人膚色不是特別黑，就帶自然色，而且新郎新娘都可以直接用，就不會像平常有很多不同品牌都帶著，看現場想要用哪一種。

新人自己要準備西裝、禮服、鞋子，國外一般來講拍兩套婚紗（在台灣租好帶去），自備一套便服。他們會跟攝影師先溝通好想拍什麼場景，攝影師會建議他們租什麼禮服會比較適合那場景。出國拍不建議拍澎裙，輕便一點比較好，比較好走路，國外通常都是邊走邊拍。

到當地後與攝影師的配合

到達當地後通常會先去勘景，這主要是攝影師的工作，造型師跟著，只是需要知道到哪個場景時需要換哪個造型。勘完景後會發到群組裡，讓新人知道勘景的狀況，確認他們想要拍的景跟角度是不是都沒問題：萬一碰到沒開或者維修，會找另一個點的照片給新人參考替換。

海外婚紗可以讓新秘藉著工作出國走走，有一舉數得的收穫，但相對的，也是很累的，要走很多的路，每天早出晚歸。所以事先也不要想得太美好，以免去過一次以後因為太累就嚇到，做好心理準備就能樂在其中。

Demi老師通常會帶的工具

◆ 基礎保濕保養品（敏感肌膚用）

◆ 粉底：最淺與最深色粉底，方便當天依客人膚色調整。

◆ 腮紅：粉紅、橘色調

◆ 粉餅／蜜粉：透明控油款

◆ 唇彩：裸膚彩盤（冷暖色調盤都帶著備用）

◆ 髮工具：玉米鬚夾、離子夾、電棒（22吋／25吋）、工具服、定型液
　（隨身瓶）

◆ 常用梳頭工具：分區夾、梳子、毛夾、橡皮筋、髮品（男女款）、飾品

◆ 世界通用轉換器、多孔延長線

後 記

　　出一本書，像跑一場需要耐心十足的馬拉松，過程中經歷了眾多細節，所以當看到成品時，有著無與倫比的開心。從最初只是腦袋裡的一個小想法，到實際變成一份企劃，最終成功變成一本書，真的非常有成就感，也充滿了感激。

　　Demi老師今年進入新秘這行剛好滿十年，我也認識她好多年了，看著她越來越忙碌的工作狀態，不管是新秘領域，還是商業彩妝範疇，都越來越多的人來找她。她彩妝造型的實力，從這些事實都已說明了，所以她真的是非常有資格來分享新娘秘書這領域。

　　經過十年淬鍊的Demi老師，在本書從正式入行前的秘訣開始分享，到如何接案、接案後該怎麼做、婚禮當天怎麼服務應對、婚禮結束後要做什麼等各個關卡的應對，都有著詳細的解說。

　　而在這些內容當中，以老師十年的實戰經驗更不藏私分享了行銷、人脈建立、口條應對、如何吸收彩妝造型相關知識等。當然，絕對少不了重要的彩妝造型技巧教學，附贈海外婚妙拍攝經驗。

　　有心從事新秘這行的人，希望你們都能從這本書裡真正得到實用的東西，在完整的架構與清楚的脈絡裡，得到入行的方向感與著力點。

在這裡非常感謝Demi老師願意跟我合作，也跟我討論了很多的想法，以及在過程中的耐心配合。謝謝老師的攝影師們、模特兒們、顧客們，因為您們讓書可以更漂亮、更質感的呈現。

　　感謝揚智文化及閻總編願意幫我們出這本書，也謝謝其他在出版過程中為每個細節投入的人。

　　因為以上的各位，讓從事文字工作多年的我，有機會實現了階段性的夢想。感謝您們的用心，辛苦啦！

風
2018/秋

參考資料

中華時尚美容協會－課程簡介部分，http://www.fashion-ca.org.tw/index.
  php?node=bridal
傅茹璋（2015）。《婚禮風格規劃概論》。新北市：揚智文化。
林君孺、管孟忠（2014）。《婚禮專案管理》。新北市：揚智文化。
林路（2005）。《林路老師新娘秘書入門指南》。台北市：時報出版。

新娘秘書

作　　　者 / 何育繡、林風
攝　　　影 / 姜彥戎、Ansir、Dick
出 版 者 / 揚智文化事業股份有限公司
發 行 人 / 葉忠賢
總 編 輯 / 閻富萍
特 約 執 編 / 鄭美珠
美 術 設 計 / 彭于珊
地　　　址 / 22204 新北市深坑區北深路三段 260 號 8 樓
電　　　話 / 02-8662-6826
傳　　　真 / 02-2664-7633
網　　　址 / http://www.ycrc.com.tw
　E-mail　/ service@ycrc.com.tw
　I S B N　/ 978-986-298-308-9
初 版 一 刷 / 2019 年 1 月
定　　　價 / 新台幣 350 元

國家圖書館出版品預行編目（CIP）資料

新娘秘書 / 何育繡, 林風著. -- 初版. -- 新
北市：揚智文化, 2019.01
面； 公分

ISBN 978-986-298-308-9(平裝)

1.婚紗業 2.造型藝術 3.婚禮

489.61   107020436